高等院校互联网+新形态创新系列教材·计算机系列

# AutoCAD 2022 基础与室内设计教程
# (全视频微课版)

刘 飞 王文增 赵少俐 王忠礼 编 著

清华大学出版社

北京

## 内 容 简 介

本书是按照设计公司的基本设计流程和设计要求，在介绍软件基本操作的基础上对公司设计图纸的绘图操作进行详细讲解，并在充分借鉴和吸收相关已有教材和理论成果的基础上精心编写而成。

本书理论与实践紧密结合，更加注重操作性。全书分为 8 章，主要内容包括 AutoCAD 2022 概述与基本操作，二维图形的绘制，二维图形的编辑，特性功能和图案填充，文字标注和尺寸标注，图形控制、精确绘图与块，室内设计平面图纸的绘制，输出和打印。

本书配备微课视频、实践案例、实例源文件等，读者可扫描书中或前言末尾左侧二维码进行观看或下载；针对教师，本书另赠 PPT 课件、教学大纲、教案和授课计划，教师可扫描前言末尾右侧二维码获取。

本书既可作为普通高等院校、应用型本科院校和高职高专院校相关专业课程及各类培训机构的教材，又可作为广大计算机初学者的参考用书。

**图书在版编目(CIP)数据**

AutoCAD2022 基础与室内设计教程：全视频微课版 /
刘飞等编著. -- 北京：清华大学出版社，2024. 10.
(高等院校互联网+新形态创新系列教材). -- ISBN 978
-7-302-67205-0

Ⅰ. TU238-39

中国国家版本馆 CIP 数据核字第 2024J4Z931 号

责任编辑：桑任松
封面设计：李　坤
责任校对：李玉茹
责任印制：沈　露

出版发行：清华大学出版社
　　　　　网　　　址：https://www.tup.com.cn, https://www.wqxuetang.com
　　　　　地　　　址：北京清华大学学研大厦 A 座　　　邮　　编：100084
　　　　　社 总 机：010-83470000　　　　　　　　　邮　　购：010-62786544
　　　　　投稿与读者服务：010-62776969, c-service@tup.tsinghua.edu.cn
　　　　　质量反馈：010-62772015, zhiliang@tup.tsinghua.edu.cn
　　　　　课件下载：https://www.tup.com.cn, 010-62791865
印 装 者：三河市龙大印装有限公司
经　　销：全国新华书店
开　　本：185mm×260mm　　　印　张：20　　　字　数：480 千字
版　　次：2024 年 10 月第 1 版　　　　　印　次：2024 年 10 月第 1 次印刷
定　　价：59.00 元

产品编号：106483-01

# 前　　言

AutoCAD 2022 是 AutoCAD 系列软件中的较新版本，与 AutoCAD 先前的版本相比，它·在性能和功能方面都有较大的增强，同时保证与低版本完全兼容。本书以 AutoCAD 2022 为基础，系统介绍了 AutoCAD 的基础知识和室内设计绘图方法，重点介绍了如何使用 AutoCAD 2022 绘制室内设计平面类型图纸和施工立面图纸。本书内容丰富、图文并茂、可操作性强、通俗易懂，有利于读者快速掌握 AutoCAD 2022。

本书是 AutoCAD 2022 的实例教程，通过将软件功能融入实际应用，使读者在学习软件操作的同时，掌握室内设计的方法和积累行业工作经验，做到学以致用。

本书的侧重点是对 AutoCAD 2022 操作流程的讲解和对整体图纸的绘制，体现了本人在设计公司多年的实践经验。

本书共分为 8 章，各章的主要内容说明如下。

第 1 章讲述 AutoCAD 2022 概述与基本操作，包括 AutoCAD 的发展历史、基本特点和基本功能，AutoCAD 2022 的基本操作、基本操作环境设置、帮助和工作流程介绍等。

第 2 章讲述二维图形的绘制，包括线的绘制、矩形和多边形的绘制、曲线的绘制、点的绘制等。

第 3 章讲述二维图形的编辑，包括选择和偏移对象、移动和删除对象、旋转和缩放对象、修剪和延伸对象、复制和镜像对象、倒角和圆角对象、阵列对象、对象的打断与特性匹配操作。

第 4 章讲述特性功能和图案填充，包括 AutoCAD 2022 的特性功能、填充与编辑图案。

第 5 章讲述文字标注和尺寸标注，包括 AutoCAD 2022 的文本样式、文字标注、文本编辑、表格创建，以及尺寸标注。

第 6 章讲述图形控制、精确绘图与块，包括 AutoCAD 2022 的图形控制、精确绘图、块及属性。

第 7 章讲述室内设计平面图纸的绘制，包括 AutoCAD 2022 平面图纸概述、原始结构图的绘制、平面布置图的绘制、顶面布置图和顶面尺寸图的绘制、地面材质图的绘制、强弱电分布图的绘制、电位控制图的绘制。

第 8 章介绍输出和打印的有关内容。

扫描第 7 章后的二维码还可以获取室内设计中立面图纸的绘制、室内设计节点大样图的绘制等扩展学习案例。

本书具有如下鲜明特点。

(1) 本书内容系统全面，有所侧重，在第 3 章、第 5 章和第 7 章对有关内容进行了重点介绍。

(2) 通过本书的案例讲解，给读者以详尽的知识点表述，以说明制图流程在整个设计创作中的重要性。

　　本书由青岛农业大学海都学院刘飞、王文增、赵少俐、王忠礼编写。在本书的编写过程中，要特别感谢青岛农业大学海都学院的领导和全体老师的大力支持与帮助。同时，一并向参加编写工作的于丽伟、刘青、孙玉霞、刘尧元、王国倩、宋琰等老师，以及参与整理校正书稿的闫冲、赵鑫鹏、武晓洋、邓宇宁、戴文静、厉政杰等同学表示深深的感谢！

　　由于作者水平有限，书中难免有疏漏之处，敬请广大读者及时赐教、指正。

编　者

读者资源下载

教师资源服务

# 目　　录

# 第1章
# AutoCAD 2022 概述
# 与基本操作

　　了解并掌握 AutoCAD 2022 的发展历史、基本特点和功能、基本操作环境和基本的工作流程，能为以后设计工作中精确快速绘图、提高工作效率、创作专业级的图纸打下坚实的基础。

# 1.1 AutoCAD 2022 概述

AutoCAD(Auto Computer Aided Design)是 Autodesk(欧特克)公司于 1982 年开发的自动计算机辅助设计软件，用于二维绘图、详细绘制、设计文档和基本三维设计，现已经成为国际上广为流行的绘图工具。

AutoCAD 具有友好的用户界面，通过交互菜单或命令行方式可以进行各种操作。它的多文档设计环境，让非计算机专业人员也能很快地学会使用，在不断实践的过程中更好地掌握它的各种应用技巧，从而不断提高工作效率。AutoCAD 具有广泛的适应性，它可以在各种操作系统支持的微型计算机和工作站上运行。

借助 AutoCAD，可以安全、高效、准确地和客户共享设计数据，可以体验本地 DWG 格式所带来的强大优势。DWG 是业界使用最广泛的设计数据格式之一，可以通过它让所有人员随时了解你的最新设计决策。借助支持演示的图形、渲染工具、强大的绘图和三维打印功能，可以让您的设计更加出色。

## 1.1.1 AutoCAD 的发展历史

### 1. AutoCAD 的发展

CAD(Computer Aided Design)诞生于 20 世纪 60 年代，是美国麻省理工学院(MIT)提出了交互式图形学的研究计划。由于当时硬件设施昂贵，只有美国通用汽车公司和美国波音航空公司使用自行开发的交互式绘图系统。

20 世纪 70 年代，小型计算机费用下降，美国工业界才开始广泛使用交互式绘图系统。

20 世纪 80 年代，由于个人计算机(PC)的应用，CAD 得以迅速发展，出现了专门从事 CAD 系统开发的公司。当时 VersaCAD 是专业的 CAD 制作公司，其开发的 CAD 软件功能强大，但由于价格昂贵，不能普遍应用。当时的 Autodesk 是一个仅有员工数人的小公司，其开发的 CAD 系统虽然功能有限，但因其可免费复制，故得以广泛应用；同时，由于该系统具有开放性，该 CAD 软件迅速升级。

### 2. AutoCAD 的主要版本历史

AutoCAD 的主要版本历史具体如下。

(1) AutoCAD V1.0：1982 年 11 月正式发布，容量为一张 360KB 的软盘，其执行方式类似 DOS 命令。

(2) AutoCAD V2.0：1984 年 10 月发布，增加图形绘制及编辑功能。

(3) AutoCAD R10.0：1988 年 10 月发布，进一步完善 R9.0，Autodesk 公司成为千人企业。

(4) AutoCAD R12.0：1992 年 8 月发布，适用于 DOS 与 Windows 两种操作环境，出现了工具条。

(5) AutoCAD R14.0：1997 年 4 月发布，适应 Pentium 机型及 Windows 95/NT 操作环境，操作更方便，运行更快捷，具有无所不在的工具条，实现中文操作。

(6) AutoCAD 2000：1999 年发布，提供了更开放的二次开发环境，出现了 Vlisp 独立编程环境，3D 绘图及编辑更方便。

(7) AutoCAD 2002：2001 年 11 月发布，增加了真关联标注、新文字注释等功能，提供了新颖的(AutoCAD 今日)导航窗口。

(8) AutoCAD 2004：2003 年 7 月发布，增强了文件打开、外部参照、DWG 文件格式等功能，增加了工具选项板、真彩色等功能。

(9) AutoCAD 2006：2005 年 3 月 19 日发布，推出了创建图形、动态图块，选择多种图形的可见性等操作。

(10) AutoCAD 2007：2006 年 3 月 23 日发布，拥有强大直观的操作界面，如图 1-1 所示，可以轻松快速地进行外观图形的创作和修改。AutoCAD 2007 致力于提高 3D 设计效率。

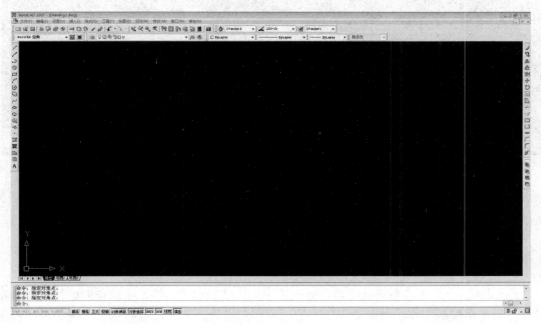

图 1-1　AutoCAD 2007 的工作界面

(11) AutoCAD 2008：2007 年 4 月发布，将惯用的 AutoCAD 命令与更新的设计环境结合起来，使您能够以前所未有的方式去实现、去探索、去构想。

(12) AutoCAD 2010 于 2009 年发布，AutoCAD 2011 于 2010 年发布，AutoCAD 2012 于 2011 年发布，AutoCAD 2013 于 2012 年发布。

(13) AutoCAD 2014：美国当地时间 2013 年 3 月 26 日发布，AutoCAD 2014 新增了许多特性，广泛用于建筑装潢工业制图等多个领域。

(14) AutoCAD 2016：2015 年 3 月发布，添加了许多新功能，使 2D 和 3D 设计、文档编制和协同工作流程更加快捷，同时赋予用户更为丰富的屏幕体验，能够创造出想象中的任何图形。

(15) AutoCAD 2018：2017 年 3 月，AutoCAD 2018 版正式发布，AutoCAD 2018 简体中文版第一次与英文版全球同步发布。

(16) AutoCAD 2020：2019 年 3 月 27 日正式发布。

(17) AutoCAD 2022：2021 年 3 月正式发布。AutoCAD 2022 拥有更加智能、快速和用户友好的界面，如图 1-2 所示，可以帮助用户更加高效地完成设计工作。

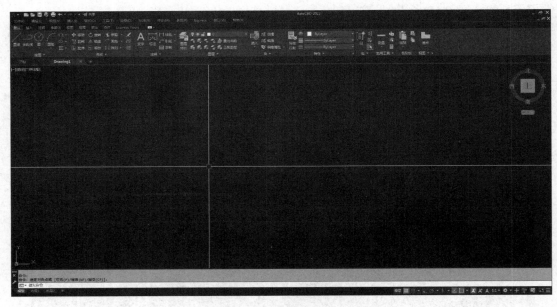

图 1-2　AutoCAD 2022 的工作界面

小结：从 AutoCAD 的发展历史可以看出，经典软件每时每刻都在发展和改进；除了保留经典的命令和功能以外，还要根据社会的进步而适应其时代潮流。

## 1.1.2　AutoCAD 的基本特点和基本功能

AutoCAD 为从事造型设计的客户提供了强大的功能和灵活性，可以帮助他们更好地完成设计和文档编制工作；借助世界领先的二维和三维设计软件，能够实现卓越的设计和造型制作；AutoCAD 强大的三维环境，能够帮助用户加速文档编制、共享设计方案，更有效地探索设计构想。

### 1. AutoCAD 的基本特点

AutoCAD 具有如下基本特点。
(1) 具有完善的图形绘制功能。
(2) 具有强大的图形编辑功能。
(3) 可以采用多种方式进行二次开发或用户定制。
(4) 可以进行多种图形格式的转换，具有较强的数据交换能力。
(5) 支持多种硬件设备。
(6) 支持多种操作平台。
(7) 具有通用性、易用性，适用于各类用户。

**2．AutoCAD 的基本功能**

AutoCAD 的基本功能如下。

(1) 平面绘图功能：以多种方式创建直线、圆、椭圆、多边形、样条曲线等基本图形对象。

(2) 绘图辅助功能：AutoCAD 提供了正交、对象捕捉、极轴追踪、捕捉追踪等绘图辅助工具。

(3) 编辑图形功能：可以移动、复制、旋转、阵列、拉伸、延长、修剪、缩放对象等。

(4) 标注尺寸功能：可以创建多种类型尺寸，标注外观可以自行设定。

(5) 书写文字功能：任何位置和任何方向都可以书写文字，可设定字体、倾斜角度等属性。

(6) 图层管理功能：图形对象都位于某一图层上，可设定图层颜色、线型、线宽等特性。

(7) 三维绘图功能：可创建 3D 实体及表面模型，能对实体本身进行编辑。

(8) 网络功能：可将图形在网络上发布，或是通过网络访问 AutoCAD 资源。

(9) 数据交换功能：AutoCAD 提供了多种图形图像数据交换格式及相应命令。

(10) 二次开发功能：AutoCAD 允许用户定制菜单和工具栏，并能利用内嵌语言进行二次开发。

(11) 工程制图功能：用于建筑工程、装饰设计、环境艺术设计、水电工程、土木施工等领域。

(12) 工业制图功能：用于精密零件、模具、设备等的设计。

(13) 服装加工功能：用于服装制版设计。

(14) 电子工业功能：用于印刷电路板设计。

小结：AutoCAD 2022 在原有版本的基础上，添加了全新的功能，并对相应的操作功能进行了丰富完善；可以帮助使用者更加方便快捷地完成复杂的设计绘图任务，同时便于初级用户快速熟悉操作环境。

# 1.2　AutoCAD 2022 的基本操作

## 1.2.1　AutoCAD 2022 的安装

在安装 AutoCAD 2022 之前，要查看电脑的操作系统，安装与之对应的 AutoCAD 版本。AutoCAD 2022 的具体安装步骤如下。

(1) 运行安装文件。下载软件安装包后将其打开，解压后运行 AutoCAD 准备安装，如图 1-3 所示。单击应用程序后，在弹出的"解压到"对话框中单击"确定"按钮，如图 1-4 所示。

(2) 弹出"正在进行安装准备…"对话框，如图 1-5 所示。准备完成后，在弹出的"法律协议"对话框中选中"我同意使用条款"复选框，单击"下一步"按钮，如图 1-6 所示。

图 1-3　解压后的文件夹

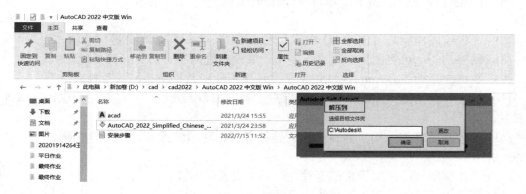

图 1-4　解压界面

图 1-5　安装准备

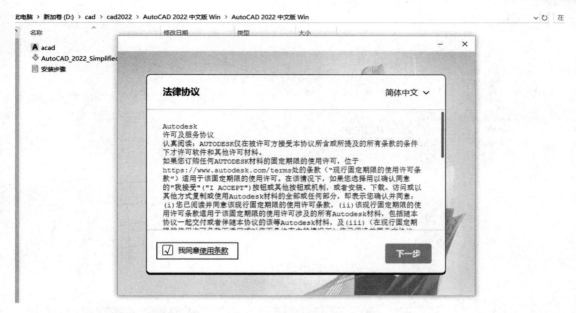

**图 1-6　"法律协议"对话框**

(3) 选择安装目录。在弹出的"选择安装位置"对话框中,AutoCAD 的默认安装目录为 C 盘,也可自行选择安装目标盘(单击 ... 按钮即可),如图 1-7 所示。

**图 1-7　选择安装位置**

(4) 完成安装。在弹出的"选择其他组件"对话框中根据需要选择是否安装,如图 1-8 所示。单击"安装"按钮,弹出安装进度对话框,如图 1-9 所示。进度完成后弹出"安装完成"对话框,单击"开始"按钮即可开启 AutoCAD,如图 1-10 所示。

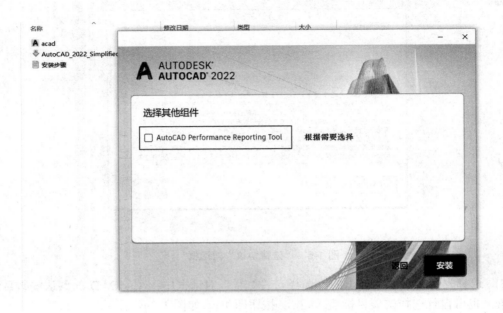

图 1-8　选择组件

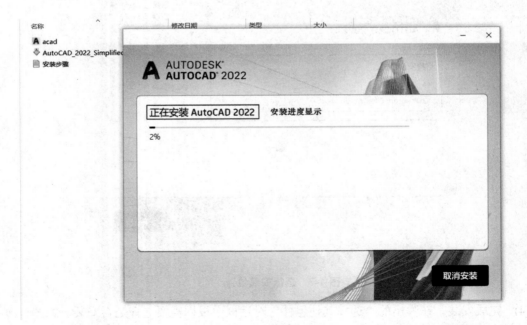

图 1-9　安装进度显示

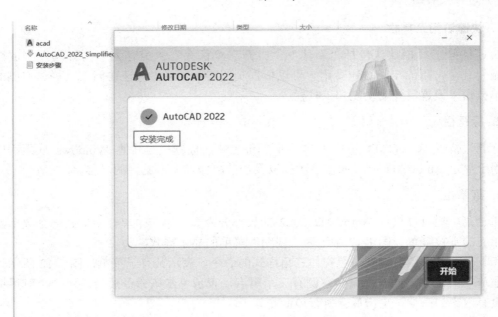

图 1-10　安装完成

## 1.2.2　AutoCAD 2022 的工作界面

AutoCAD 2022
界面介绍及命令
执行

AutoCAD 2022 的工作界面由快速访问工具栏、标题栏、菜单栏、功能区、绘图窗口、坐标系图标、命令窗口(也称命令提示行)、状态栏、模型/布局选项卡、菜单浏览器等组成，如图 1-11 所示。

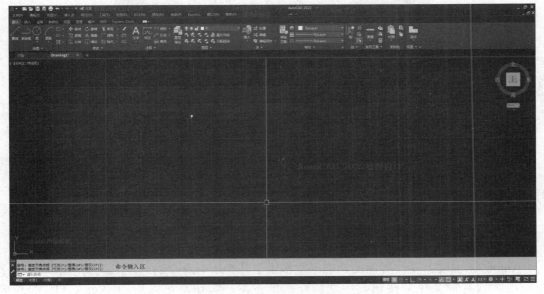

图 1-11　AutoCAD 2022 的工作界面

### 1. 快速访问工具栏

快速访问工具栏默认包括"新建""打开""保存""另存为""打印""放弃""重做"几个常用的工具按钮。用户可以根据制图需要,单击快速访问工具栏最右侧的下拉菜单按钮来设置需要的功能和工具栏。

### 2. 标题栏

标题栏位于 AutoCAD 2022 操作界面的最上侧。标题栏与其他 Windows 应用程序类似,用于显示 AutoCAD 2022 的程序图标以及当前所操作图形文件的名称。

### 3. 菜单栏

通过菜单栏可以执行 AutoCAD 2022 的大部分命令。单击菜单栏中的某一个菜单,会弹出相应的下拉菜单。图 1-12 所示为"视图"菜单的显示样式。

在下拉菜单中,右侧有黑色实体三角样式的命令,表示其有子菜单,图 1-12 所示为命令"缩放"的子菜单样式;命令右侧有三个黑点,表示单击该命令后会显示一个对话框;右侧没有内容的命令,单击后会执行该命令。

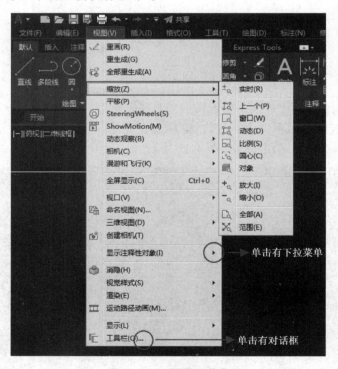

图 1-12 "视图"菜单

### 4. 功能区中的选项卡及选项组

AutoCAD 2022 操作界面的功能区中提供了几乎所有命令的选项卡及选项组,每一个选项组中均有形象化的按钮及中文解释。单击某一按钮,可以启动 AutoCAD 的对应命令。

可以打开或关闭任意一个显示选项卡。在已有选项组的任意按钮上按下鼠标右键(以下简称右击)，在弹出的快捷菜单中选择"显示选项卡"命令，在弹出的子菜单中显示了 AutoCAD 2022 所有的显示选项卡名称，如图 1-13 所示。

图 1-13　"显示选项卡"子菜单

在任意选项组的按钮上右击，在弹出的快捷菜单中选择"显示面板"命令，在弹出的子菜单中会显示本选项卡所包含的所有选项组，如图 1-14 所示。

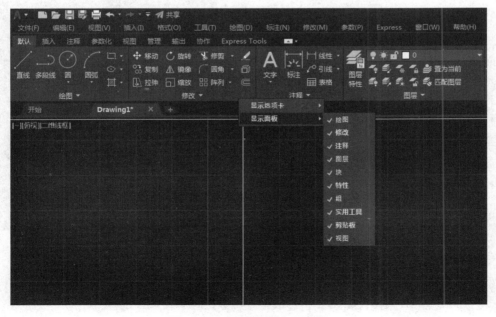

图 1-14　"显示面板"子菜单

### 5. 绘图窗口

绘图窗口类似于手工绘图时的图纸，是 AutoCAD 2022 显示所绘图形的区域。

### 6. 光标

当光标位于 AutoCAD 的绘图窗口时为十字形状，所以又称其为十字光标。十字线的交点为光标的当前位置。AutoCAD 的光标用于绘图、选择对象等操作。

### 7. 坐标系图标

坐标系图标通常位于绘图窗口的左下角，表示当前绘图所使用的坐标系的形式以及坐标方向等。AutoCAD 提供了世界坐标系和用户坐标系，其中世界坐标系为默认坐标系。

### 8. 命令窗口

命令窗口用于显示用户输入的命令和 AutoCAD 提示信息。默认时，AutoCAD 在命令窗口中保留最后三行所执行的命令或提示信息。可以通过拖动窗口边框的方式改变命令窗口的大小，使其显示多于或少于三行的信息。

### 9. 状态栏

状态栏用于显示或设置当前的绘图状态。状态栏的左侧位置反映当前光标的坐标，其余按钮分别表示当前是否启用了 INFER、捕捉模式、栅格显示、正交模式、极轴追踪、对象捕捉、三维对象捕捉、对象捕捉追踪、允许/禁止动态 UCS 等当前的绘图空间信息。

### 10. 模型/布局选项卡

模型/布局选项卡用于实现模型空间与图纸空间的切换。

### 11. 滚动条

利用水平或垂直滚动条，可以使图纸沿水平或垂直方向移动，即平移绘图窗口中显示的内容。

### 12. 菜单浏览器

单击菜单浏览器按钮，AutoCAD 2022 的菜单浏览器就呈展开状态，如图 1-15 所示。可通过菜单浏览器执行相应的操作。

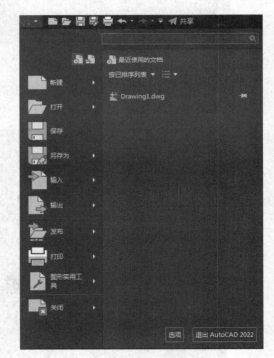

图 1-15 菜单浏览器样式

> 小结：AutoCAD 的操作界面一直在不断地演化和发展。用户可以根据自己的实际需要设置不同的操作界面风格。在设置界面风格时要考虑电脑的硬件配置。

## 1.2.3　执行命令及图形文件管理

### 1. AutoCAD 2022 的命令执行方式

(1) 执行 AutoCAD 命令的方式有三种：通过键盘输入执行命令，通过菜单执行命令，通过工具栏执行命令。

(2) 重复执行命令的方式有三种：按 Enter 键；按空格键；使光标位于绘图窗口，然后右击。

### 2. AutoCAD 2022 图形文件管理

(1) 创建新图形。在 AutoCAD 2022 的操作过程中，创建新的图形文件有三种方法。

① 单击快速访问工具栏中的"新建"按钮(见图 1-16)。

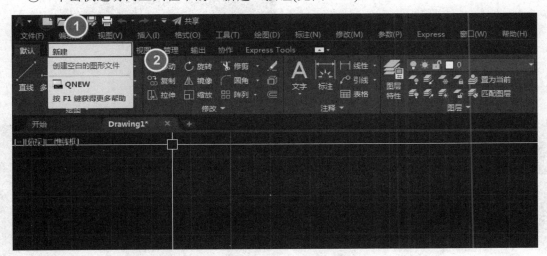

图 1-16　通过快速访问工具栏创建新图形

② 在菜单栏中单击"文件"菜单，在弹出的下拉菜单中选择"新建"命令，如图 1-17 所示。

③ 单击菜单浏览器按钮，在弹出的下拉菜单中选择"新建"→"图形"命令，如图 1-18 所示。

通过以上三种方法，都可以打开"选择样板"对话框，如图 1-19 所示。使用系统默认的模板 acadiso，单击"打开"按钮，即可创建新图形。

(2) 打开图形。在 AutoCAD 2022 中打开图形的方法有以下三种。

① 单击快速访问工具栏中的"打开"按钮，如图 1-20 所示。

图 1-17　通过菜单栏中的"文件"菜单创建新图形

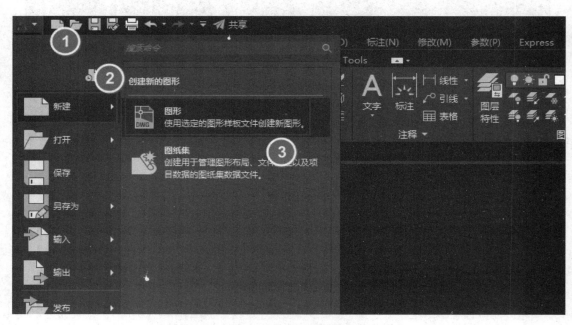

图 1-18　通过菜单浏览器创建新图形

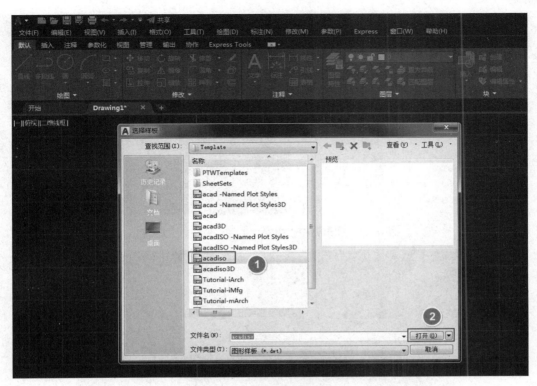

图 1-19　"选择样板"对话框

图 1-20　通过快速访问工具栏打开图形

②　在菜单栏中单击"文件"菜单，在弹出的下拉菜单中选择"打开"命令，如图 1-21 所示。

③　单击菜单浏览器按钮，在弹出的下拉菜单中选择"打开"→"图形"命令，如图 1-22 所示。

图 1-21 通过菜单栏中的"文件"菜单打开图形

图 1-22 通过菜单浏览器打开图形

通过以上三种方法,都可以打开"选择文件"对话框,在"查找范围"位置处选择目录位置,选择相应的文件后单击"打开"按钮即可。

(3) 保存图形。可以采取三种方法保存 AutoCAD 2022 图形文件。

① 单击快速访问工具栏中的"保存"按钮,如图 1-23 所示。

图 1-23 通过快速访问工具栏保存图形

② 在菜单栏中单击"文件"菜单,在弹出的下拉菜单中选择"保存"命令,如图 1-24

所示。

③　单击菜单浏览器按钮，在弹出的下拉菜单中选择"保存"命令，如图 1-25 所示。

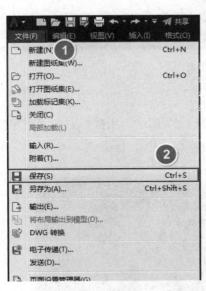

图 1-24　通过菜单栏中的"文件"菜单保存图形　　　图 1-25　通过菜单浏览器保存图形

执行"保存"命令后，AutoCAD 2022 就会完成相应图形的保存工作。需要注意的是，如果图形文件没有保存过，单击"保存"按钮后，会弹出"图形另存为"对话框，从中指定文件的保存位置并命名，单击"保存"按钮即可。

注意：AutoCAD 的高版本软件能够打开低版本软件保存的图形文件，但低版本软件打不开高版本软件保存的图形文件。

## 1.3　AutoCAD 2022 的基本操作环境设置

AutoCAD 提供了多种绘图的辅助工具，如栅格、捕捉、正交、极轴追踪等，这些辅助工具类似于手工绘图时使用的方格纸、三角板，便于更容易、更准确地创建和修改图形对象。AutoCAD 2022 的操作环境设置主要有草图设置、光标设置和自动保存设置。

AutoCAD 2022
的基本操作
环境设置

### 1.3.1　AutoCAD 2022 的草图设置

#### 1. AutoCAD 2022 的状态栏

AutoCAD 2022 工作界面右下侧位置为状态栏按钮命令区，系统默认的状态栏样式为图标按钮样式。状态栏位置的命令用于单独控制 CAD 制图的某项功能，具体功能可以通过鼠标右击，在弹出的快捷菜单中进行选择设置，如图1-26 所示。

图 1-26　状态栏样式

### 2. AutoCAD 2022 的对象捕捉设置

(1)　"对象捕捉追踪"和"对象捕捉"按钮如图 1-27 所示。用鼠标右击"对象捕捉"按钮，在弹出的快捷菜单中选择"对象捕捉设置"命令，如图 1-28 所示；弹出"草图设置"对话框，如图 1-29 所示。

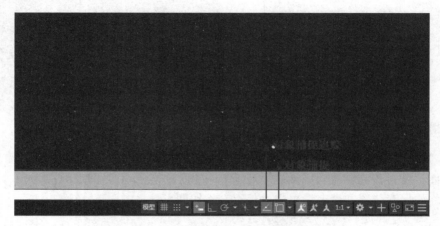

图 1-27　"对象捕捉追踪"和"对象捕捉"按钮

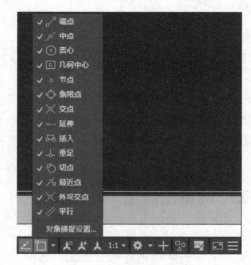

图 1-28　选择"对象捕捉设置"命令

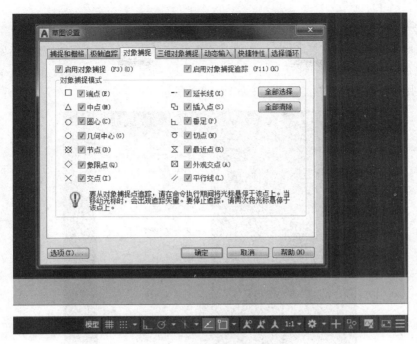

图 1-29　"草图设置"对话框

(2)　"对象捕捉"选项卡的设置。在"草图设置"对话框中选择"对象捕捉"选项卡，将"对象捕捉模式"列表框里的捕捉类型全部选中，也可以单击对话框右侧位置的"全部选择"按钮，然后单击"确定"按钮，如图 1-30 所示。

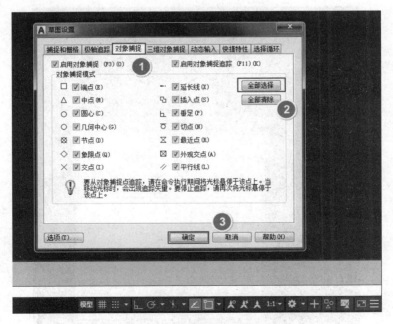

图 1-30　"对象捕捉"选项卡

### 3. AutoCAD 2022 的单位设置

在菜单栏中单击"格式"菜单，在弹出的下拉菜单中选择"单位"命令，如图 1-31 所示。在弹出的"图形单位"对话框中，"长度"选项组用于确定长度单位与精度，"角度"选项组用于确定角度单位与精度，如图 1-32 所示。

图 1-31　选择"单位"命令

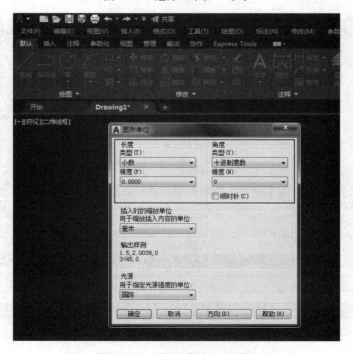

图 1-32　"图形单位"对话框

**小结：** 在用 AutoCAD 2022 绘制图纸之前，用户应根据需要进行绘图操作环境的设置，并在绘图过程中灵活运用命令和工具，以提高绘图的速度。

## 1.3.2　AutoCAD 2022 的光标设置

AutoCAD 2022 的光标设置主要包含两个方面：十字光标大小的设置和光标中心拾取框大小的设置。软件系统默认的十字光标和拾取框非常小，所以要通过合理设置以达到在图纸的操作过程中减少不必要的失误和节省时间的目的。

### 1．十字光标大小的设置

(1) 调用"选项"对话框。在菜单栏中单击"工具"菜单，在弹出的下拉菜单中选择"选项"命令，如图 1-33 所示；弹出"选项"对话框，如图 1-34 所示。

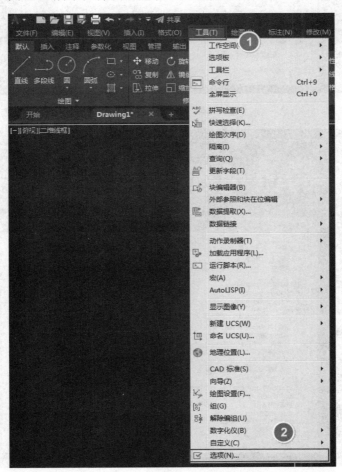

图 1-33　选择"选项"命令

(2) 设置十字光标大小。在"选项"对话框中选择"显示"选项卡，在"十字光标大小"选项组中设置大小为 100，单击"确定"按钮，如图 1-35 所示。

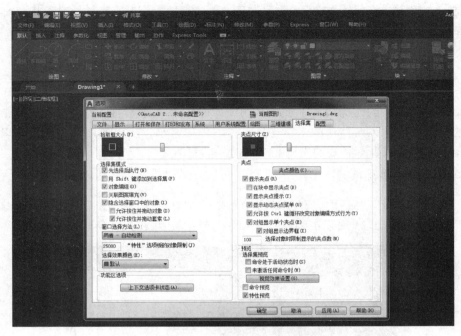

图 1-34　"选项"对话框

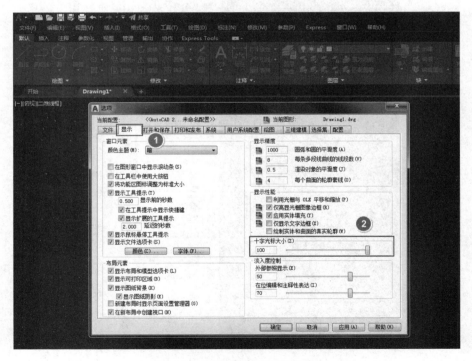

图 1-35　十字光标大小的设置

## 2. 拾取框大小的设置

在菜单栏中单击"工具"菜单，在弹出的下拉菜单中选择"选项"命令。在弹出的

"选项"对话框中切换到"选择集"选项卡,将"拾取框大小"选项组中的滑块设置在中间位置,如图 1-36 所示。

图 1-36  拾取框大小的设置

**小结**:在弹出的"选项"对话框中选择"打开和保存"选项卡,在"文件保存"选项组中可以设置 AutoCAD 文件的保存格式。在这里可以设置"另存为"低版本格式,方便文件在不同的版本之间进行调用。

## 1.3.3  AutoCAD 2022 的自动保存设置

当 AutoCAD 2022 遇到紧急情况时,会非正常退出,这会导致所绘制的图纸没有被保存。使用 AutoCAD 2022 的自动保存功能可以自动保存所绘制的图纸。AutoCAD 2022 的自动保存设置主要包含三个方面:自动保存的目录设置;自动保存的时间和临时文件扩展名设置;在电脑系统中如何找到并打开自动保存的文件。

### 1. 自动保存的目录设置

(1)  打开"选项"对话框。在菜单栏中单击"工具"菜单,在弹出的下拉菜单中选择"选项"命令,弹出"选项"对话框,如图 1-37 所示。

(2)  设置自动保存目录。在"选项"对话框中选择"文件"选项卡,在"搜索路径、文件名和文件位置"列表框中双击"自动保存文件位置"选项就会显示系统默认的文件保存目录,双击此目录就可以设置自动保存位置,如图 1-38 所示。

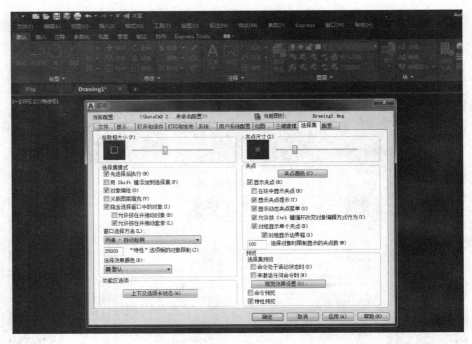

图 1-37　"选项"对话框

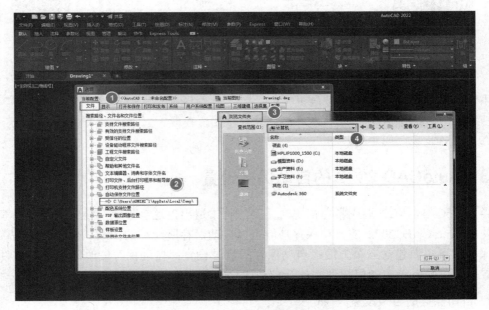

图 1-38　自动保存的目录设置

## 2. 自动保存的时间和临时文件扩展名设置

在"选项"对话框中选择"打开和保存"选项卡，在"文件安全措施"选项组中设置"自动保存"的间隔分钟数和"临时文件的扩展名"，如图 1-39 所示。间隔分钟数根据具体情况设置，可以把临时文件的扩展名由"ac$"改为"dwg"。

图 1-39　"文件安全措施"选项组的设置

**3. 在电脑系统中如何找到并打开自动保存的文件**

如果没有设置 AutoCAD 2022 的自动保存目录，在安装软件时系统会以默认的目录保存文件，可以通过打开 AutoCAD 2022 找到文件的自动保存目录。

(1)　系统默认的保存目录。在弹出的"选项"对话框中选择"文件"选项卡，在"搜索路径、文件名和文件位置"列表框中双击"自动保存文件位置"选项，就会显示文件自动保存的目录位置，如图 1-40 所示。

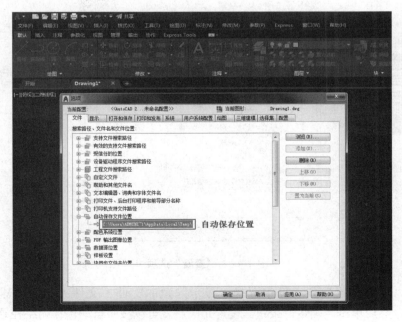

图 1-40　自动保存路径显示

(2) 如果按照上面的路径寻找自动保存的文件，此文件是找不到的，因为默认的自动保存路径，在 Windows 系统里是隐藏的。要找到上面的自动保存路径，首先要设置系统的文件夹选项，这里以 Windows 7 系统为例来演示操作。

(3) 双击桌面上的"计算机"快捷图标，在弹出的操作界面中选择"组织"下拉菜单中的"文件夹和搜索选项"命令，如图 1-41 所示。在弹出的"文件夹选项"对话框中选择"查看"选项卡，如图 1-42 所示。

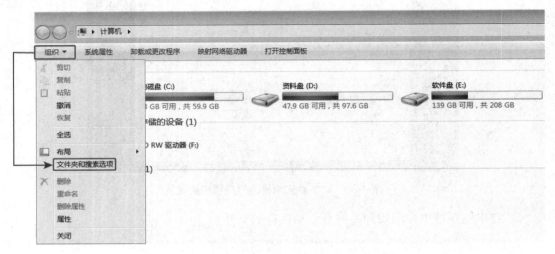

图 1-41　选择"文件夹和搜索选项"命令

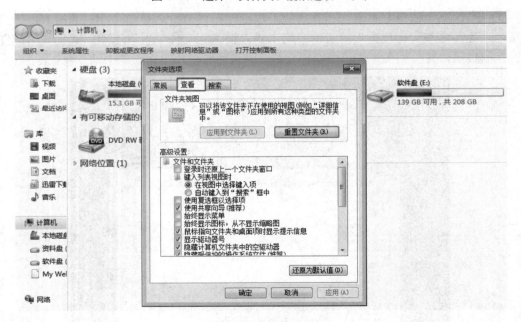

图 1-42　"查看"选项卡

(4) 在"高级设置"列表框中选择"显示隐藏的文件、文件夹和驱动器"选项，如图 1-43 所示，然后单击"确定"按钮。设置完成后就可以按照自动保存的路径寻找文件了。

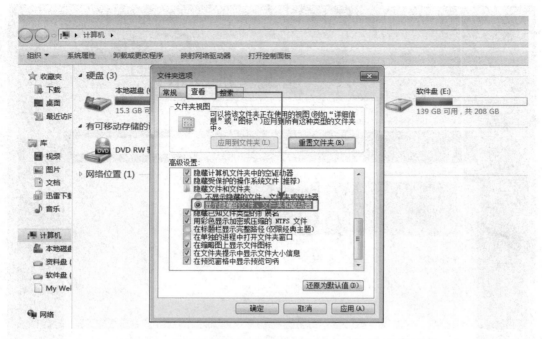

图 1-43  选择"显示隐藏的文件、文件夹和驱动器"选项

小结：需要注意的是，这个自动保存文件是在 AutoCAD 2022 非正常关闭的情况下才可以找到的；如果 AutoCAD 2022 是正常关闭的，则找不到这个自动保存的文件。

# 1.4  AutoCAD 2022 的帮助功能和工作流程

## 1.4.1  AutoCAD 2022 的帮助功能

AutoCAD 2022 提供了强大的帮助功能，用户在绘图或开发过程中可以随时通过该功能得到相应的帮助。在菜单栏中单击"帮助"菜单，在弹出的下拉菜单中选择"帮助"命令，如图 1-44 所示；弹出"AutoCAD 2022-帮助"窗口，如图 1-45 所示，在该窗口中就可以使用 AutoCAD 2022 提供的强大帮助功能了。

图 1-44  选择"帮助"命令

图 1-45　"AutoCAD 2022-帮助"窗口

## 1.4.2　AutoCAD 2022 的工作流程

　　在工程施工环节，AutoCAD 的作用是无可替代的。无论是平面图纸还是施工立面图纸的绘制都需要使用 AutoCAD，因此，使用 AutoCAD 制图的流程显得尤为重要。下面就工作流程予以讲解，以达到制图规范的目的，并为以后标准化图纸的制作打下坚实的基础。

　　设计公司的客户可以分为两种：一种是自然客户，一种是关系客户。自然客户是根据自己的实际需要自动上门或者咨询的客户，关系客户是通过个人和公司的关系联系的客户。无论是自然客户还是关系客户，当其来到公司进行交流后，都要由设计师去工地予以现场勘测。

　　现场勘测首先是进行房屋结构线的绘制，然后再对房屋结构的具体位置进行精确的尺寸测量。墙体测量完成后，再对房屋结构中比较特殊的位置进行测量，例如房高、梁高、梁宽、门高、窗高、下水位置、燃气管道位置和通气管位置等。要养成良好的职业习惯，把现场的结构和走向复杂的位置予以拍照，为后期房屋的设计提供参考。工地的现场勘测可以为使用 AutoCAD 进行图纸制作提供坚实的基础。设计师勘测现场手绘图纸如图 1-46 所示。

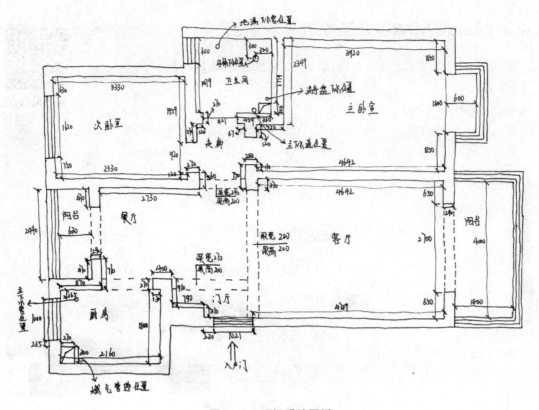

**图 1-46　现场手绘图纸**

　　根据手绘的房屋结构图纸，使用 AutoCAD 进行图纸放样，即原始结构图的绘制。原始结构图是所有平/立面图纸中最基本和最原始的参照图纸，在绘制时要把整个房屋的门窗、顶梁位置结构表达清楚。原始结构图绘制完成后，就要根据客户的实际情况绘制平面布置图、顶面布置图、顶面尺寸图、强弱电分布图和电位控制图。

　　根据设计思路和施工材料等信息绘制施工立面图纸。施工立面图纸根据户型结构的不同绘制的数量也有所不同，一般情况下房屋结构中所有的空间位置都需要绘制 3～5 张施工立面图纸。比如主卧室空间位置，需要绘制主卧室四个墙面的施工立面图，并且还需要绘制主卧室衣柜的施工图纸。

　　AutoCAD 的平面图纸和立面图纸的绘制完成后，再绘制图纸的结构详图。一般情况下绘制石膏板吊顶的结构详图，以便工人施工时有图可依。

　　AutoCAD 的平面图纸、施工立面图纸、结构详图绘制完成后，对所有的图纸予以图纸标准化的处理。这里需要绘制图纸目录顺序、施工图及设计说明、图纸名称、图号的排列等，最终打印装订成册即可。

### 1.4.3 AutoCAD 2022 工作流程示意图

使用 AutoCAD 2022 进行室内设计的工作流程如图 1-47 所示。

AutoCAD 2022
工作流程介绍

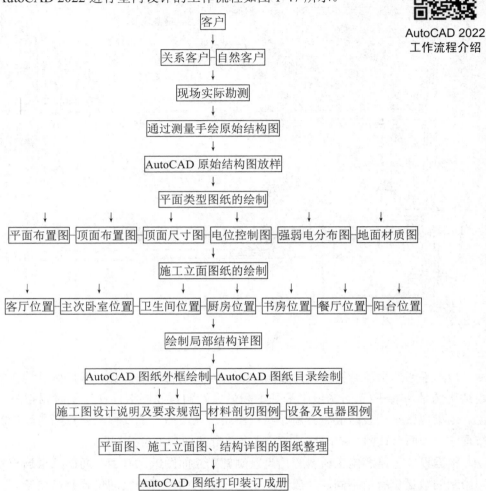

图 1-47　AutoCAD 2022 工作流程示意图

# 本　章　小　结

本章介绍了与 AutoCAD 2022 相关的基本概念和基本操作，包括：如何安装、启动 AutoCAD 2022；AutoCAD 2022 工作界面的组成及其功能；AutoCAD 2022 的命令及其执行方式；图形文件管理，包括新建图形文件、打开已有图形文件、保存图形文件等。

# 第 2 章
# 二维图形的绘制

　　在 AutoCAD 2022 中，使用菜单栏中的"绘图"菜单，可以绘制点、直线、圆、圆弧和多边形等简单二维图形。二维图形对象是整个 AutoCAD 的绘图基础，因此要熟练地掌握其绘制方法和技巧。

# 2.1 线 的 绘 制

直线是绘图中最常用、最简单的一类图形对象，只要指定了起点和终点即可绘制一条直线。在 AutoCAD 2022 中，可以用二维坐标(X,Y)或三维坐标(X,Y,Z)来指定端点，也可以混合使用二维坐标和三维坐标。本节内容讲解之前，首先介绍"正交限制光标"模式和"动态输入"命令，为后面的直线绘制奠定操作环境基础。

AutoCAD 2022
二维图形的绘制

## 2.1.1 直线图形的绘制

**1. AutoCAD 2022 的"正交限制光标"模式和动态输入**

(1) AutoCAD 2022 的"正交限制光标"模式。单击状态栏中的"正交限制光标"按钮或者按 F8 键，就可以打开或者关闭"正交限制光标"模式，如图 2-1 所示。绘制线段时，使用"正交限制光标"模式可以将光标限制在水平或垂直方向上，还可以增强平行性或创建现有对象的常规偏移。

图 2-1 "正交限制光标"模式

(2) AutoCAD 2022 的动态输入。单击状态栏中的"动态输入"按钮，就开启了动态输入功能。单击后光标附近会显示提示框，此提示框称为"工具栏提示"，如图 2-2 所示。如果移动光标，"工具栏提示"也会随着光标移动，且显示出坐标值的动态变化，以反映光标的当前坐标值。

图 2-2 工具栏提示

(3) "动态输入"设置。用鼠标右击"动态输入"按钮，在弹出的快捷菜单中选择"动态输入设置"命令，如图 2-3 所示。选择"动态输入"选项卡，在选项卡中对动态输入的参数进行相应的设置，如图2-4所示。

图 2-3 选择"动态输入设置"命令

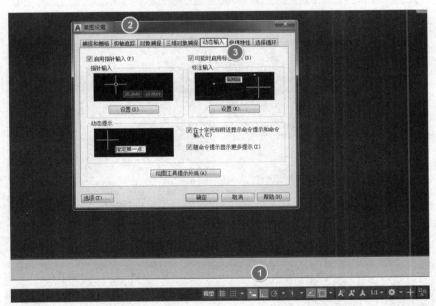

图 2-4 "动态输入"选项卡

### 2. 使用 AutoCAD 2022 绘制任意直线

(1) 打开 AutoCAD 2022，按 F8 键打开正交命令。在功能区中单击"默认"选项卡"绘图"选项组中的"直线"按钮，如图 2-5 所示。也可以通过快捷键 L 调用"直线"命令，如图 2-6 所示(本书后续讲解中，使用快捷键执行命令不再截图显示)。

(2) 单击"直线"按钮或使用快捷键"L+空格"后，命令提示行提示"LINE 指定第一个点"，如图 2-7 所示。单击鼠标左键，在任意位置指定第一个点的位置后，命令提示行会提示"LINE 指定下一点或 [放弃(U)]"，如图 2-8 所示。

(3) 拖动鼠标指针向一侧方向移动，移动一定距离后单击确定直线第二个点的位置。命令提示行继续提示"LINE 指定下一点或 [放弃(U)]"，如图 2-9 所示。按 Enter 键或空格键结束直线命令；也可以用鼠标右击，在弹出的快捷菜单中选择"确认"命令结束直线绘制。

图 2-5　单击"直线"按钮

图 2-6　使用快捷键执行命令

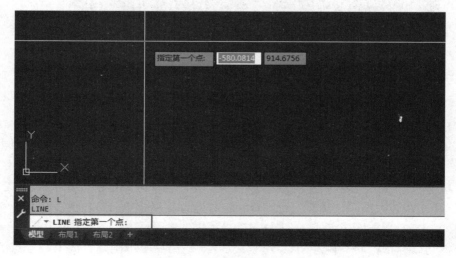

图 2-7　指定直线的第一个点

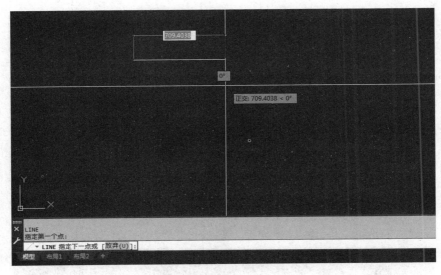

图 2-8　指定直线的第二个点

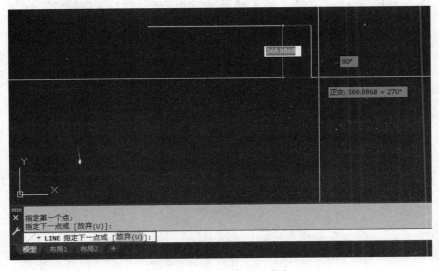

图 2-9　继续指定下一个点

### 3. 使用 AutoCAD 2022 绘制精确距离直线

在上面的内容中，演示了绘制任意一条直线的过程。在实际的图纸操作过程中，经常会遇到精确距离直线的绘制，下面就如何绘制精确距离直线进行讲解。

确认直线第一个点位置后，拖动鼠标指针向一侧方向移动，当命令提示行提示"LINE 指定下一点或 [放弃(U)]"时，输入直线的长度尺寸(以直线长度为 500mm 为例)，如图 2-10 所示。输入后，连续按两次 Enter 键或空格键，长度为 500mm 的直线就绘制完成了，如图 2-11 所示。

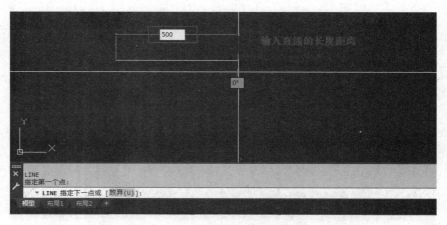

图 2-10　输入直线距离

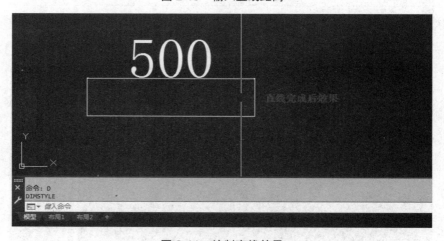

图 2-11　绘制直线效果

　　**小结：** 在用 AutoCAD 2022 绘制直线时，可以打开或关闭"正交"命令。在绘制的过程中要注意命令提示行和光标位置的动态命令提示，根据提示进行下一步的操作。要熟练掌握精确距离直线的绘制方法，为以后图纸的绘制打下坚实的基础。

## 2.1.2　射线图形的绘制

　　(1)　射线为一端固定、另一端无限延伸的直线。在图纸制作过程中，射线主要用于绘制辅助线。在功能区中单击"默认"选项卡"绘图"选项组中的"射线"按钮，如图 2-12 所示。使用快捷键 RAY 也可以调用射线命令。

　　(2)　命令提示行提示"RAY 指定起点"，如图 2-13 所示。在图形界面任意位置单击确认射线起点位置后，命令提示行提示"RAY 指定通过点"，指定射线通过点后射线就绘制完成了，如图 2-14 所示。

图 2-12　单击"射线"按钮

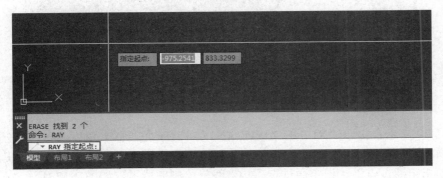

图 2-13　指定射线起点

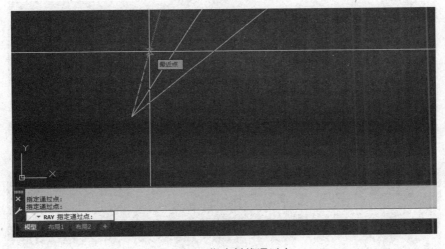

图 2-14　指定射线通过点

小结：单击确认射线的通过点位置后，命令提示行仍旧会提示"RAY 指定通过点"，在此提示下可以连续单击指定多个通过点，绘制以起点为端点的多条射线，直至按 Esc 键或 Enter 键退出命令为止。

### 2.1.3　构造线图形的绘制

构造线为两端可以无限延伸的直线，没有起点和终点，可以放置在三维空间的任何地方，主要用于绘制辅助线。

(1) 在功能区中单击"默认"选项卡"绘图"选项组中的"构造线"按钮，如图 2-15 所示。使用快捷键 XL 也可以调用构造线命令。

图 2-15　单击"构造线"按钮

(2) 命令提示行提示"XLINE 指定点或 [水平(H) 垂直(V) 角度(A) 二等分(B) 偏移 (O)]"，如图 2-16 所示。在图形界面任意位置单击确认指定点的位置后，命令提示行提示 "XLINE 指定通过点"，指定通过点后构造线就绘制完成了，如图 2-17 所示。

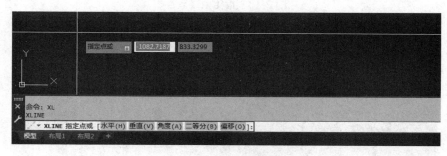

图 2-16　指定构造线起点

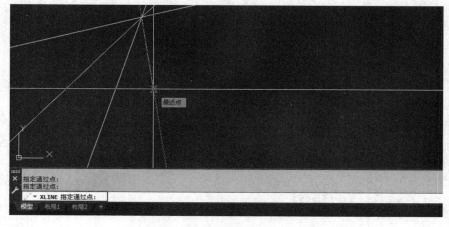

图 2-17　指定构造线通过点

小结：构造线即创建无限长的直线，可以通过无限延伸的线来创建构造线和参考线，并且其可用于修剪边界。在"XLINE 指定通过点"命令提示下指定多个通过点，可以同时绘制多条构造线，直至按 Esc 键或 Enter 键退出为止。

## 2.2　矩形和多边形的绘制

### 2.2.1　矩形的绘制

(1) 在图纸的操作过程中，可以根据指定的尺寸或条件绘制矩形图形。在功能区中单击"默认"选项卡"绘图"选项组中的"矩形"按钮，如图 2-18 所示。使用快捷键 REC 也可以调用矩形命令。

图 2-18　单击"矩形"按钮

(2) 命令提示行提示"RECTANG 指定第一个角点或 [倒角(C) 标高(E) 圆角(F) 厚度(T)宽度(W)]"，如图 2-19 所示。在界面任意位置单击确认矩形第一个角点位置后移动鼠标指针，命令提示行提示"RECTANG 指定另一个角点或 [面积(A) 尺寸(D) 旋转(R)]"，如图 2-20 所示。单击确定矩形的第二个角点后，矩形就绘制完成了。

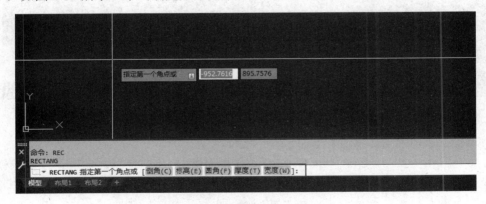

图 2-19　指定矩形第一个角点

(3) 当命令提示行提示"RECTANG 指定第一个角点或 [倒角(C) 标高(E) 圆角(F) 厚度(T) 宽度(W)]"和"RECTANG 指定另一个角点或 [面积(A) 尺寸(D) 旋转(R)]"时，在命令提示行提示的项含义如图 2-21、图 2-22 所示。

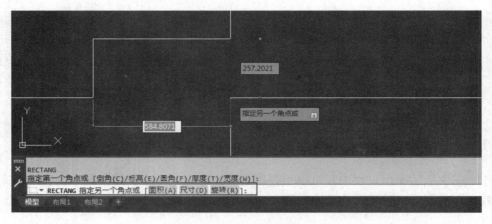

图 2-20　指定矩形另一个角点

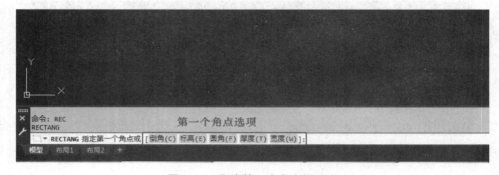

图 2-21　指定第一个角点提示项

图 2-22　指定第二个角点提示项

命令提示行提示的各个项含义如下：

- "倒角"项用来绘制在各角点处有倒角的矩形；
- "标高"项用来确定矩形的绘图高度，即绘图面与 XY 面之间的距离；
- "圆角"项用来确定矩形角点处的圆角半径，使所绘制矩形在各角点处按此半径绘制出圆角；
- "厚度"项用来确定矩形的绘图厚度，使所绘制矩形具有一定的厚度；
- "宽度"项用来确定矩形的线宽；
- "面积"项是指根据面积绘制矩形；

- "尺寸"项是指根据矩形的长和宽绘制矩形;
- "旋转"项表示绘制按指定角度放置矩形。

**小结:** 使用 AutoCAD 2022 绘制矩形的过程中,一定要根据命令提示行的提示进行下一步的操作。通过提示输入具体命令和精确数值,创建符合图纸和施工要求的精确图形。

## 2.2.2　多边形的绘制

(1) 在功能区中单击"默认"选项卡"绘图"选项组中的"多边形"按钮,如图 2-23 所示。使用快捷键 POL 也可以调用多边形命令。

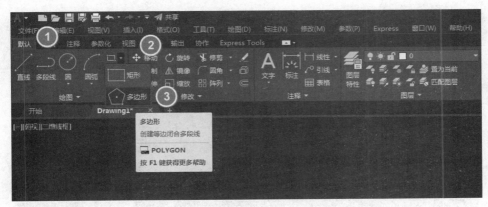

图 2-23　单击"多边形"按钮

(2) 命令提示行提示"POLYGON 输入侧面数",这里输入"6"(本例以 6 个边数的多边形为例进行操作),如图 2-24 所示。

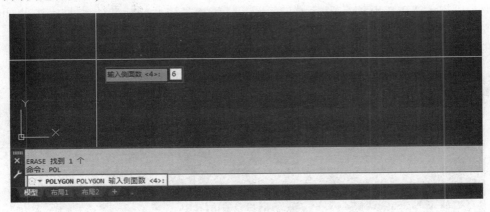

图 2-24　输入多边形侧面数

(3) 按 Enter 键,命令提示行提示"POLYGON 指定正多边形的中心点或 [边(E)]",如图 2-25 所示。单击确认正多边形的中心点位置后,命令提示行提示"POLYGON 输入选项 [内接于圆(I) 外切于圆(C)]",弹出"输入选项"列表框,如图 2-26 所示。

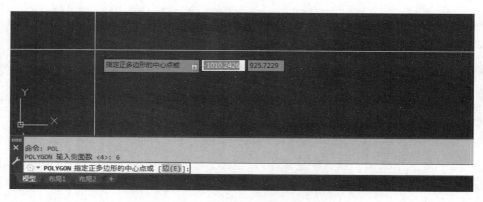

图 2-25　指定正多边形的中心点

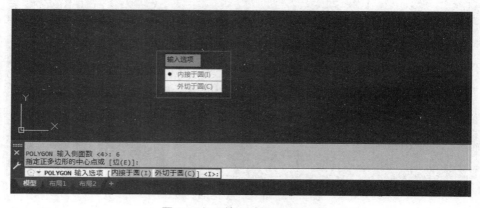

图 2-26　"输入选项"列表框

(4)　在弹出的"输入选项"列表框中单击"内接于圆(I)"或者"外切于圆(C)"按钮，命令提示行提示"POLYGON 指定圆的半径"，输入多边形的圆半径尺寸(尺寸以 400 为例)，如图 2-27 所示。按 Enter 键或者空格键确认，等边多边形就绘制完成了。

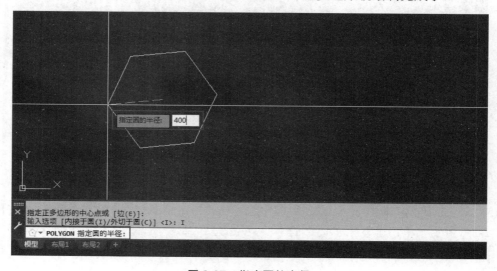

图 2-27　指定圆的半径

小结：指定正多边形的中心点位置后，在弹出的正多边形"输入选项"列表框中，"内接于圆"选项表示所绘制多边形将内接于假想的圆，"外切于圆"选项表示所绘制多边形将外切于假想的圆。

## 2.3　曲线的绘制

### 2.3.1　绘制圆形曲线

(1) 打开 AutoCAD 2022，在功能区中单击"默认"选项卡"绘图"选项组中的"圆"按钮，如图 2-28 所示。使用快捷键 C 也可以调用圆形曲线命令。

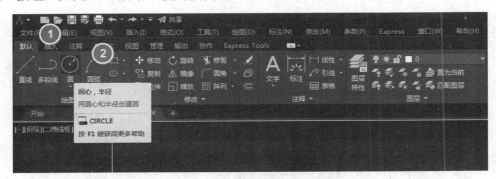

图 2-28　单击"圆"按钮

(2) 命令提示行提示"CIRCLE 指定圆的圆心或 [三点(3P) 两点(2P) 切点、切点、半径(T)]"，如图 2-29 所示。单击确定圆心位置后，命令提示行提示"CIRCLE 指定圆的半径或 [直径(D)]"，如图 2-30 所示。输入半径值，按 Enter 键或空格键确认，圆形曲线就绘制完成了。

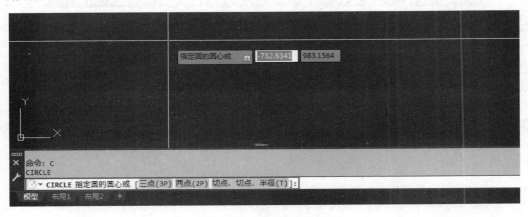

图 2-29　指定圆的圆心

在 AutoCAD 2022 中，可以用 6 种方法绘制圆形。在功能区中单击"默认"选项卡"绘图"选项组中"圆"按钮位置处的下拉箭头，在弹出的下拉菜单中显示了绘制圆的 6 种方法，如图 2-31 所示。6 种绘制圆的方法示意如图 2-32 所示。

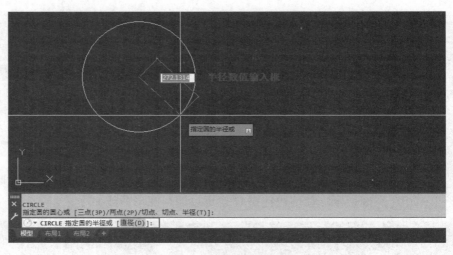

图 2-30 指定圆的半径

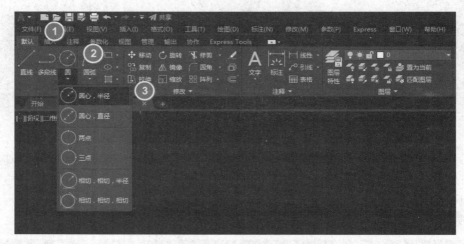

图 2-31 绘制圆的方法

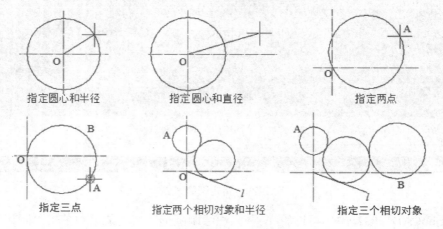

指定圆心和半径　　　　指定圆心和直径　　　　指定两点

指定三点　　　指定两个相切对象和半径　　　指定三个相切对象

图 2-32 圆形绘制方法示意图

**小结：** 在绘制圆形曲线时有多种方法，可以根据实际情况进行选择。其中，"指定圆心和半径"与"指定圆心和直径"两种方法最为常用。

## 2.3.2　绘制圆环曲线

两条圆弧多段线首尾相接而形成圆环。

(1) 在功能区中单击"默认"选项卡"绘图"选项组下拉菜单中的"圆环"按钮，如图 2-33 所示。使用快捷键 DO 也可以调用圆环曲线命令。

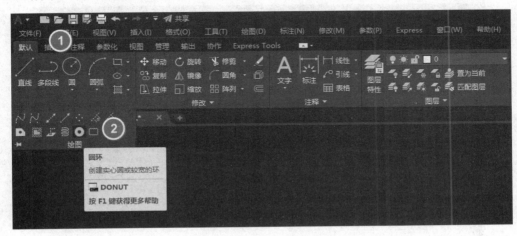

图 2-33　单击"圆环"按钮

(2) 命令提示行提示"DONUT 指定圆环的内径"，如图 2-34 所示。输入圆环内径后按 Enter 键或空格键，命令提示行提示"DONUT 指定圆环的外径"，输入圆环外圆的半径，如图 2-35 所示。

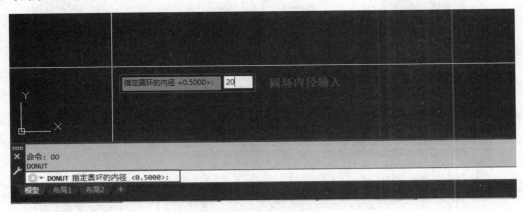

图 2-34　指定圆环的内径

(3) 确认圆环的外径参数后，命令提示行提示"DONUT 指定圆环的中心点或<退出>"，如图 2-36 所示。在图形界面的任意位置单击确认圆环中心点，按 Enter 键或 Esc 键，圆环曲线就绘制完成了，如图 2-37 所示。

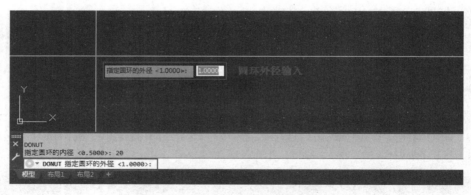

图 2-35　指定圆环的外径

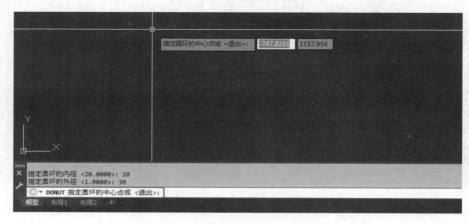

图 2-36　指定圆环中心点

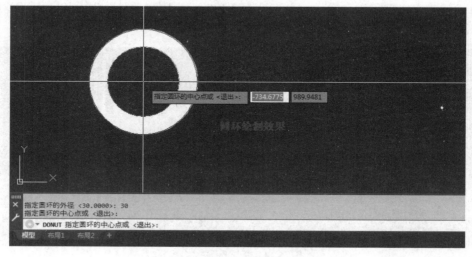

图 2-37　圆环绘制效果

　　小结：绘制圆环的过程中要注意圆环的内径和外径数值的输入。最终的圆环曲线显示样式为内圆半径范围内为空白显示，内圆半径和外圆半径之间的区域为白色实体填充区域。通过圆环曲线的最终显示样式，可以加强理解内径和外径参数的含义。

### 2.3.3　绘制圆弧曲线

圆弧曲线由三点创建连接组成。

(1) 在功能区中单击"默认"选项卡"绘图"选项组中的"圆弧"按钮，如图 2-38 所示。使用快捷键 A 也可以调用圆弧曲线命令。

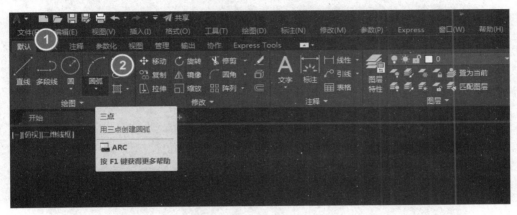

图 2-38　单击"圆弧"按钮

(2) 命令提示行提示"ARC 指定圆弧的起点或 [圆心(C)]"，在图形界面任意空白位置单击确认圆弧曲线的起点位置，如图 2-39 所示。

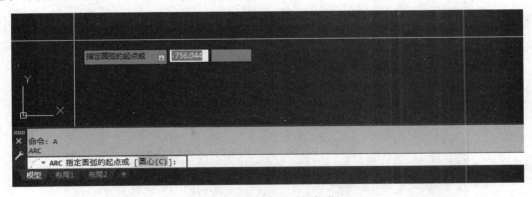

图 2-39　指定圆弧的起点

(3) 命令提示行提示"ARC 指定圆弧的第二个点或 [圆心(C) 端点(E)]"，如图 2-40 所示。单击确认第二个点的位置后，命令提示行提示"ARC 指定圆弧的端点"，如图 2-41 所示。确认端点位置后完成圆弧曲线操作。

在 AutoCAD 2022 中，提供了 11 种不同的圆弧操作模式，如图 2-42 所示。每种模式有不同的操作步骤和具体要求，可以根据每种模式按钮位置处的提示或者 AutoCAD 2022 的帮助功能进行操作练习。

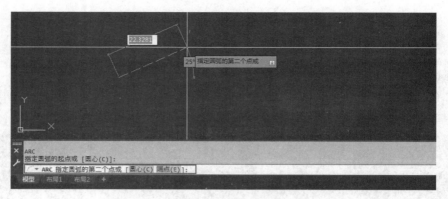

图 2-40　指定圆弧的第二个点

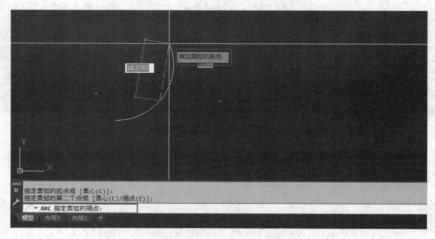

图 2-41　指定圆弧的端点

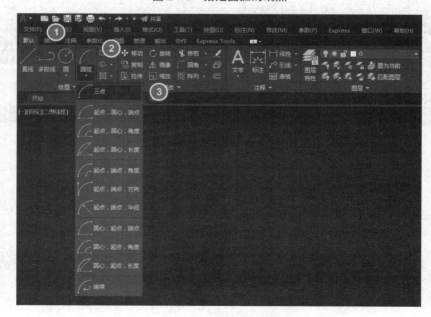

图 2-42　"圆弧"绘制模式

小结：注意椭圆结构是由三个点连接而成的，这三个点分别是椭圆的中心点、长轴的一个端点和短轴的一个端点。

### 2.3.4　绘制椭圆和椭圆弧曲线

#### 1．绘制椭圆曲线

椭圆由指定的中心点创建而成，使用中心点、第一个轴端点和第二个轴长度来创建椭圆。

(1) 在功能区中单击"默认"选项卡"绘图"选项组中的"圆心"按钮，如图 2-43 所示。使用快捷键 EL 也可以调用椭圆曲线命令。

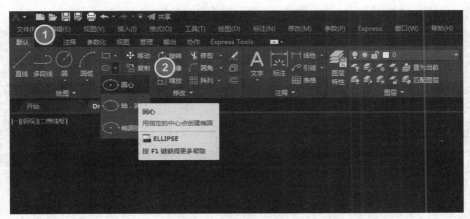

图 2-43　单击"圆心"按钮

(2) 命令提示行提示"ELLIPSE 指定椭圆的中心点"，如图 2-44 所示。使用快捷键"EL+空格"后，命令提示行提示"ELLIPSE 指定椭圆的轴端点或 [圆弧(A)中心点(C)]"，如图 2-45 所示。

图 2-44　指定椭圆的中心点

(3) 在绘图界面任意位置处单击鼠标左键，命令提示行提示"ELLIPSE 指定轴的端点"，如图 2-46 所示。执行"EL+空格"快捷命令后，命令提示行提示"ELLIPSE 指定轴的另一个端点"，如图 2-47 所示。

图 2-45　指定椭圆的轴端点

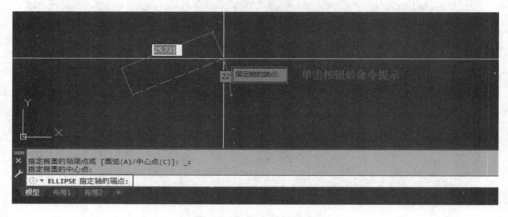

图 2-46　指定轴的端点

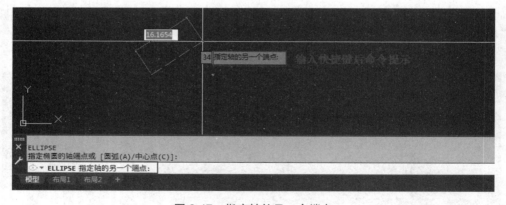

图 2-47　指定轴的另一个端点

(4)　确认椭圆曲线的轴端点或者另一个端点位置后，命令提示行提示"ELLIPSE 指定另一条半轴长度或 [旋转(R)]"，拖动鼠标指针移动一定距离后单击确认即可，如图 2-48 所示。

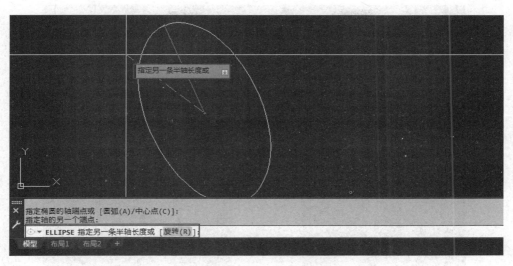

图 2-48　指定另一条半轴长度

## 2. 绘制椭圆弧曲线

椭圆弧曲线操作分两步，第一步是绘制椭圆曲线，第二步是在这个椭圆曲线图形的基础上绘制椭圆弧曲线。椭圆曲线的绘制可参考上面章节的内容。

(1) 在功能区中单击"默认"选项卡"绘图"选项组中的"椭圆弧"按钮，如图 2-49 所示。也可以在菜单栏中单击"绘图"菜单，在弹出的下拉菜单中选择"椭圆"→"圆弧"命令，如图 2-50 所示。

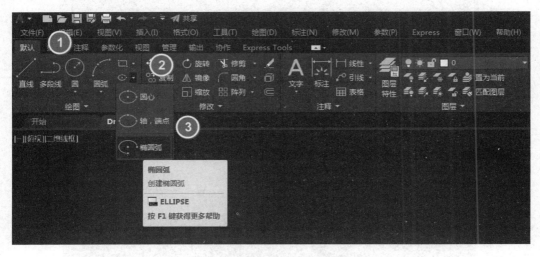

图 2-49　单击"椭圆弧"按钮

(2) 单击"椭圆弧"或"圆弧"命令后，按照命令提示绘制椭圆曲线，椭圆曲线绘制完成后命令提示行提示"ELLIPSE 指定起点角度或 [参数(P)]"，如图 2-51 所示。单击确认起点角度后，命令提示行提示"ELLIPSE 指定端点角度或 [参数(P) 夹角(I)]"，如图 2-52 所示。单击确认完成椭圆弧曲线操作。

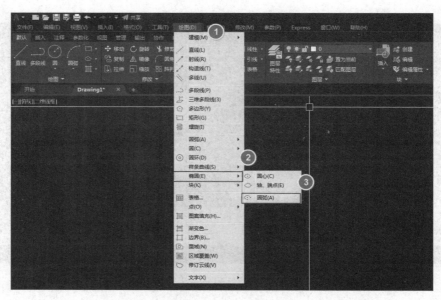

图 2-50　在菜单栏中选择"绘制"→"椭圆"→"圆弧"命令

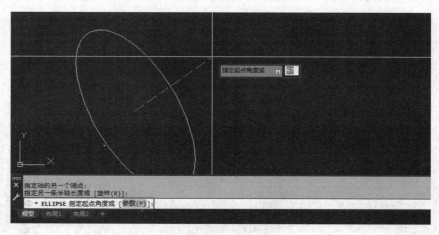

图 2-51　指定起点角度

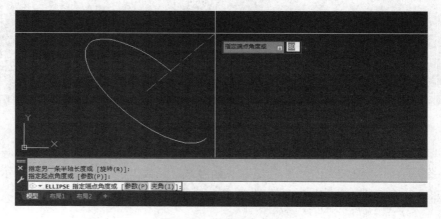

图 2-52　指定端点角度

小结：在椭圆曲线图形的操作过程中，可以通过单击所需距离处的某个位置或输入长度值来指定距离。在椭圆弧曲线的图形操作中，可以通过指定起点角度和端点的角度值来确认椭圆弧曲线的最终图形样式。

# 2.4　点 的 绘 制

## 2.4.1　绘制点和设置点样式

### 1. 绘制点

使用快捷键"PO+空格"调用相应命令，命令提示行提示"POINT 指定点"，如图 2-53 所示。用鼠标在图形界面的任意位置指定点位置即可，如图 2-54 所示。

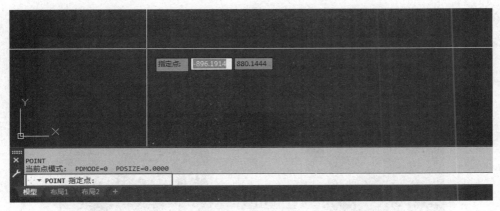

图 2-53　指定点提示

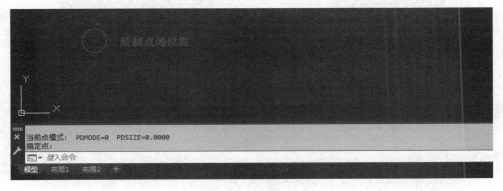

图 2-54　指定点位置

### 2. 设置点样式

在菜单栏中单击"格式"菜单，在弹出的下拉菜单中选择"点样式"命令，如图 2-55 所示。在弹出的"点样式"对话框(见图 2-56)中可以选择点样式类型，还可以在"点大小"文本框中设置点的大小。

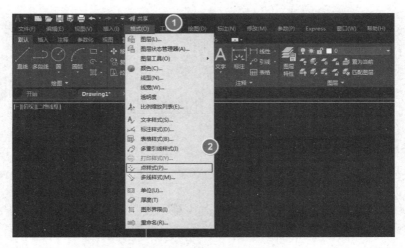

图 2-55　选择"点样式"命令

图 2-56　"点样式"对话框

小结：在 AutoCAD 2022 的图形显示中，点的图形显示非常小而且不容易观察。可以在"点样式"对话框中选择显示效果比较明显的点样式，还可以通过"点大小"文本框确定点的大小。

## 2.4.2　绘制定数等分点和定距等分点

### 1. 绘制定数等分点

定数等分点是指将图形对象沿对象的长度或周长等间隔排列。

(1) 执行定数等分点命令。在菜单栏中单击"绘图"菜单，在弹出的下拉菜单中选择"点"→"定数等分"命令，如图 2-57 所示。可以通过使用快捷键"DIV+空格"执行此命令。

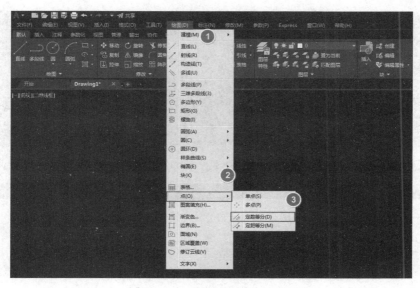

图 2-57　选择"定数等分"命令

（2）执行定数等分点操作。确认命令后，命令提示行提示"DIVIDE 选择要定数等分的对象"，如图 2-58 所示。根据提示选择需要定数等分的任意直线对象，命令行提示"DIVIDE 输入线段数目或 [块(B)]"，如图 2-59 所示。在弹出的文本框内输入需要等分的数量(本节以 5 段等分为例)，等分效果如图 2-60 所示。

图 2-58　选择定数等分的对象

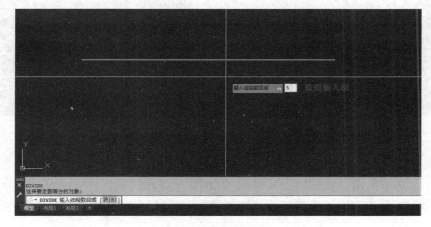

图 2-59　输入等分数目

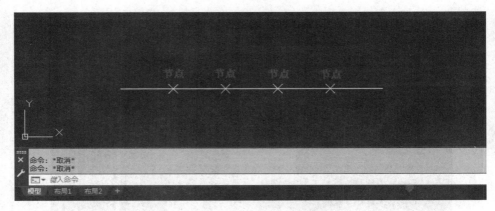

图 2-60  定数等分点操作效果

### 2. 绘制定距等分点

定距等分点是将点对象在指定的对象上按指定的距离放置。

(1) 执行"定距等分"命令。在菜单栏中单击"绘图"菜单，在弹出的下拉菜单中选择"点"→"定距等分"命令，如图 2-61 所示。执行命令后，命令提示行提示"MEASURE 选择要定距等分的对象"，如图 2-62 所示。

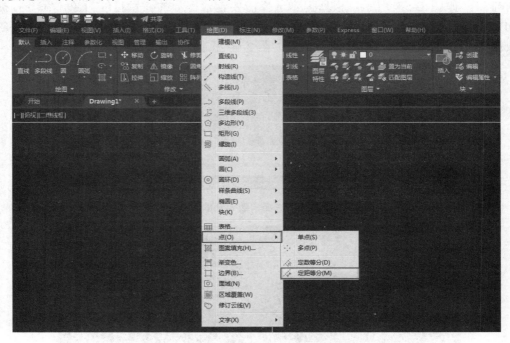

图 2-61  选择"点"→"定距等分"命令

(2) 执行定距等分点操作。选择图纸中提前绘制完成的长度为 100mm 的直线，命令提示行提示"MEASURE 指定线段长度或[块(B)]"，如图 2-63 所示。在文本框内输入定距等分的间隔距离(以 20mm 为例)，按 Enter 键或空格键，效果如图 2-64 所示。

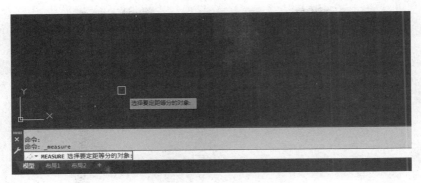

图 2-62　选择定距等分点对象

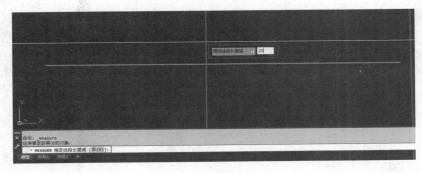

图 2-63　指定距离长度

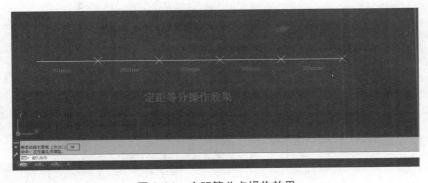

图 2-64　定距等分点操作效果

　　**小结**：为了便于图形操作过程中对"点"的捕捉和选择，提高绘制的精度和效率，在"点样式"对话框中可以选择比较容易观察和捕捉的点样式。另外，还可以通过快捷键 ME 执行"定距等分"命令。

# 本 章 小 结

　　本章介绍了 AutoCAD 2022 基本二维图形的绘制功能。用户可以通过功能区、菜单栏或在命令提示行中输入快捷键的方式执行 AutoCAD 2022 的绘图命令，具体采用哪种方式取决于用户的绘图习惯。需要说明的是，只有结合 AutoCAD 2022 的图形编辑等功能，才能够高效、准确地绘制工程图纸。

# 第 3 章
# 二维图形的编辑

在实际操作过程中，二维图形的编辑可以使用户进一步完成对复杂图形的绘制工作，并自由组织和绘制图形，以保证绘图的准确性，减少重复性操作。因此，对二维图形编辑与操作的熟练运用有助于提高设计和绘图效率。本章通过在 AutoCAD 2022 中建立简单案例来具体演示操作，从而达到对软件的进一步学习。

# 3.1 选择和偏移对象

## 3.1.1 对象的选择操作

AutoCAD 2022 二维
图形的编辑(上)

启动 AutoCAD 2022 的某一编辑命令(如"复制"命令)后，命令提示行会提示"COPY 选择对象"，要求用户选择要进行操作的对象，同时鼠标的十字光标变化为白色小方框的形状(即拾取框)，如图 3-1 所示。

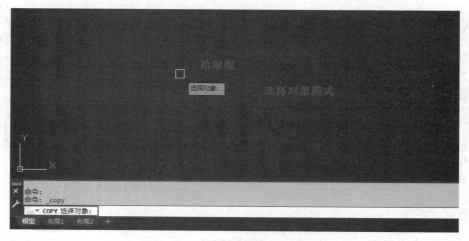

图 3-1 拾取框样式

### 1. 图形的选择方式

图形的选择有如下几种方式。

(1) "点选对象"：使用鼠标左键直接点选对象。

(2) "选择窗口选择对象"：从右向左拖动(交叉选择)可选择包含在选择区域内及与选择区域的边框相交叉的对象。

(3) "交叉窗口选择对象"：指定第一个角点以后，从左向右拖动(选择窗口)仅选择完全包含在选择区域内的对象。

(4) "WP 快捷键操作"：在"选择对象"提示下输入"WP"，指定多边形各角点，窗口多边形选择完全包含的对象。

(5) "CP 快捷键操作"：在"选择对象"提示下输入"CP"，指定多边形各角点，窗口多边形选择包含或相交的对象。

(6) "F 快捷键操作"：在"选择对象"提示下输入"F"，使用选择栏可以从复杂图形中选择非相邻对象。选择栏是一条直线，可以选择它穿过的所有对象。

(7) "使用编组操作"：使用 GROUP 命令定义编组，在"选择对象"提示下输入"G"，输入编组名，构造选择集。或者使用未命名的编组来直接点选编组内的任一对象来选定整个编组，快捷键 Ctrl+A 用来切换编组选择开关。

## 2. 点选对象操作

在操作界面中创建任意矩形，创建完成后，可以通过十字光标中间的拾取框单击选择矩形对象，还可以通过使用快捷键 ERA 来选择矩形对象，如图 3-2 所示。

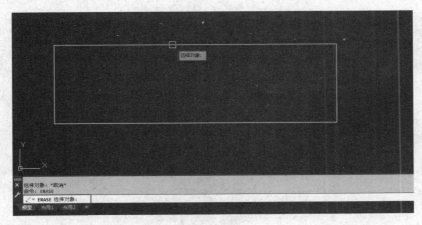

图 3-2　点选对象

## 3. 框选对象操作

框选包含正选操作和反选操作两种类型。在 AutoCAD 2022 的图纸操作中，正选操作和反选操作都具有举足轻重的作用，熟练运用正反选操作可以极大地加快制图的速度和准确率。下面就正反选操作的特点予以详细讲解。

(1) 正选对象操作。正选操作就是用鼠标从右侧向左侧拖动来选择对象，在操作界面中的显示模式为虚线方框样式。方框内部填充的颜色为绿色，边界线为白色虚线状态，如图 3-3 所示。

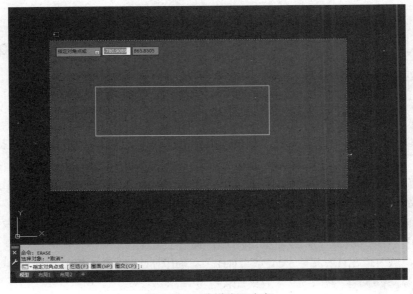

图 3-3　正选样式及方向

(2) 反选对象操作。反选操作就是用鼠标从左侧向右侧拖动来选择对象，在操作界面中的显示模式为实线方框样式。方框内部填充的颜色为蓝色，边界线为白色实线状态，如图 3-4 所示。

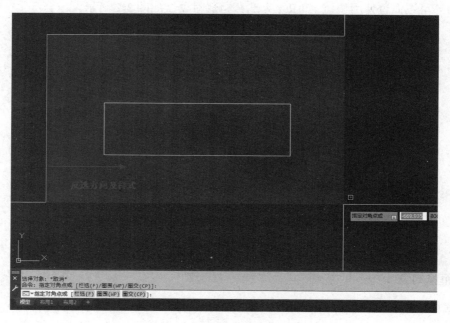

图 3-4　反选样式及方向

通过操作可以得出正反选的基本特点和规律。运用正选操作时，选择边界范围内的所有物体(不管此物体是被全部选中还是被部分选中)都会被选中；运用反选操作时，在选择边界范围内的所有物体中只有被包含的物体才会被选中，被选取的部分物体会被忽略。

小结：AutoCAD 2022 的选择在实际项目的图纸操作中非常重要，在很大程度上决定了制图速度和准确率。因此，在实际的操作练习中要好好地体会这几种选择方式的不同。

## 3.1.2　对象的偏移操作

(1) 偏移对象又称为偏移复制。在操作界面中绘制矩形，在功能区中，单击"默认"选项卡"修改"选项组中的"偏移"按钮，如图 3-5 所示。也可以通过使用快捷键 O 调用偏移命令。

(2) 命令提示行提示"OFFSET 指定偏移距离或 [通过(T) 删除(E) 图层(L)]"，输入"20"(代表偏移的距离是 20mm)，如图 3-6 所示。

(3) 按 Enter 键或空格键，命令提示行显示"OFFSET 选择要偏移的对象，或 [退出(E) 放弃(U)]"，如图 3-7 所示。单击矩形，命令提示行提示"OFFSET 指定要偏移的那一侧上的点，或 [退出(E) 多个(M) 放弃(U)]"，如图 3-8 所示。根据提示对矩形分别进行内侧和外侧方向的偏移操作，最终效果如图 3-9 所示。

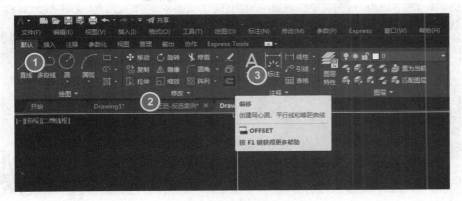

图 3-5　单击"偏移"按钮

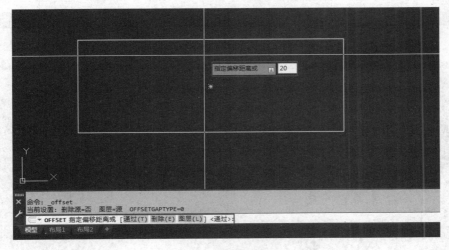

图 3-6　指定偏移距离

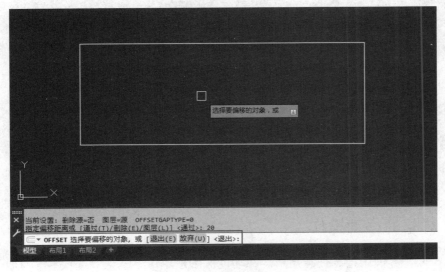

图 3-7　选择要偏移的对象

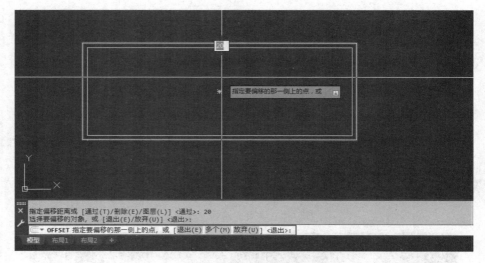

图 3-8　选择偏移方向

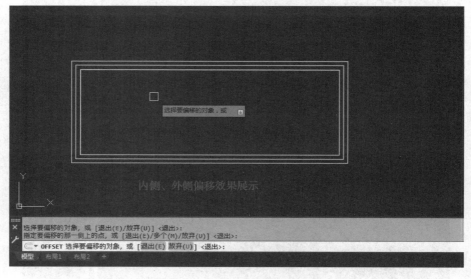

图 3-9　内侧、外侧偏移效果

**小结**：在运用"偏移"命令时，要正确输入偏移的距离。在具体的操作中，输入要偏移的距离后，再确定要偏移的方向，最后在此方向上的任意空白位置处按下鼠标左键确认后操作完成。

# 3.2　移动和删除对象

## 3.2.1　对象的移动操作

(1)　在操作界面中绘制任意矩形。在功能区中，单击"默认"选项卡"修改"选项组中的"移动"按钮，如图 3-10 所示。也可以通过使用快捷键 M 调用"移动"命令。

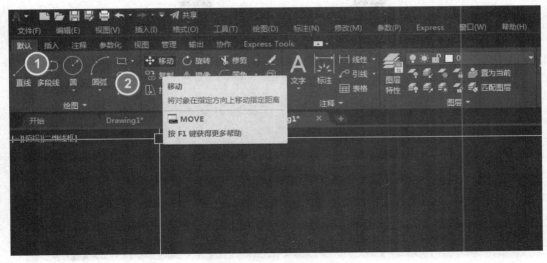

图 3-10　单击"移动"按钮

(2)　命令提示行提示"MOVE 选择对象"，鼠标指针变化为拾取框样式后单击选择矩形，如图 3-11 所示。

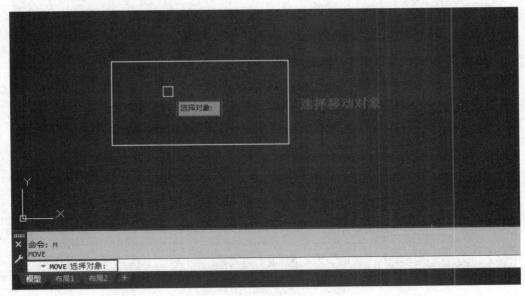

图 3-11　选择移动对象

(3)　单击矩形，按 Enter 键或者空格键确认，命令提示行提示"MOVE 指定基点或 [位移(D)]"，如图 3-12 所示。在矩形位置单击确认基点后，命令提示行提示"MOVE 指定第二个点或 <使用第一个点作为位移>"，如图 3-13 所示。单击鼠标左键确认第二个点的位置，移动操作完成。

小结：在对图形进行移动的过程中，要注意观察状态栏中的命令提示，根据提示对下一步操作予以判断。按 F8 键打开正交模式，这样在移动操作时，能节省时间。

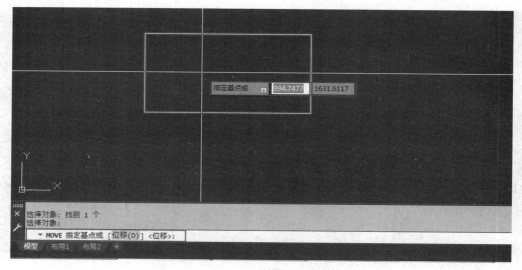

图 3-12　指定移动基点

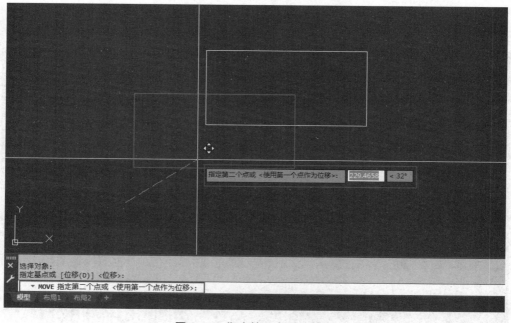

图 3-13　指定第二个移动基点

## 3.2.2　对象的精确移动操作

在移动过程中，可以对物体进行精确移动距离的操作，这样可以解决图纸制作过程中很多细节问题。下面讲解对物体进行精确移动距离的操作过程。

(1) 在图纸中创建任意矩形，按 F8 键打开"正交限制光标"项。调用"移动"命令后选择移动对象，按 Enter 键或者空格键确认，命令提示行提示"MOVE 指定基点或 [位移(D)]"。

(2) 指定基点位置后，命令提示行提示"MOVE 指定第二个点或<使用第一个点作为位移>"，拖动鼠标指针向一侧方向移动，在文本框中输入"2000"，按 Enter 键，矩形就从指定位置向一侧方向精确移动了 2000mm，如图 3-14 所示。

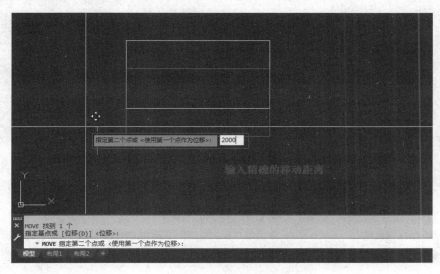

图 3-14　输入移动距离

小结：本章所有图形创建过程中运用快捷键都是以"快捷键+空格"的样式表示，此处"空格"是对输入的快捷键予以确认(在 AutoCAD 操作中，按空格键和按 Enter 键都是确认命令的意思)。

## 3.2.3　对象的删除操作

(1) 如果绘制的图形不符合要求，就要将其删除。在功能区中，单击"默认"选项卡"修改"选项组中的"删除"按钮，如图 3-15 所示。也可以通过使用快捷键 E 调用"删除"命令。

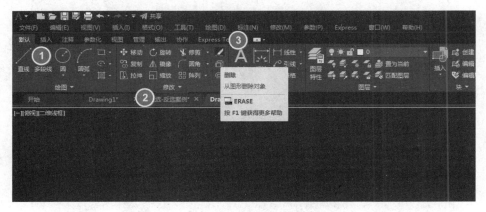

图 3-15　单击"删除"按钮

(2) 命令提示行提示"ERASE 选择对象",同时鼠标指针变化为拾取框样式,单击要删除的对象后按空格键,如图 3-16 所示。

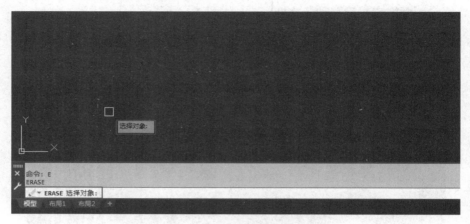

图 3-16　选择删除对象

**小结**:可以先执行"删除"命令再选择图形,也可以先选择图形再执行"删除"命令。选择要删除的图形文件,单击"删除"按钮或者使用快捷键"E+空格"后图形文件就被删除了。

# 3.3　旋转和缩放对象

## 3.3.1　对象的旋转操作

(1) 在操作界面中创建任意矩形,在功能区中,单击"默认"选项卡"修改"选项组中的"旋转"按钮,如图 3-17 所示。也可以通过使用快捷键 RO 调用"旋转"命令。

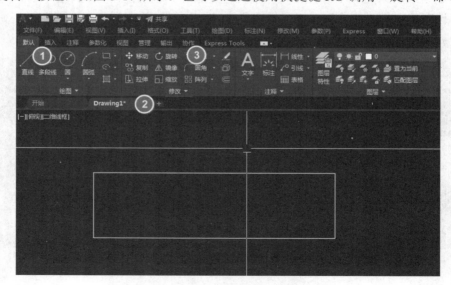

图 3-17　单击"旋转"按钮

(2)　命令提示行提示"ROTATE 选择对象"，如图 3-18 所示。单击拾取操作对象后，按 Enter 键或空格键，命令提示行提示"ROTATE 指定基点"，如图 3-19 所示。

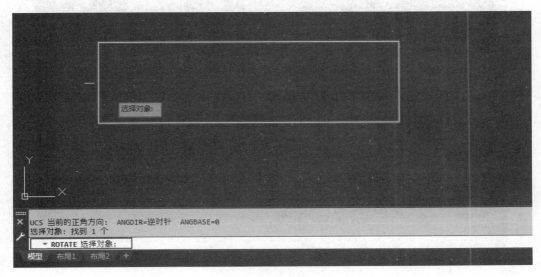

图 3-18　选择图形文件

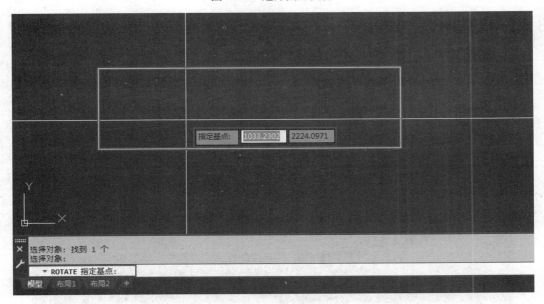

图 3-19　指定旋转基点

(3)　根据提示，在矩形附近单击确认旋转的基点位置，命令提示行提示"ROTATE 指定旋转角度，或 [复制(C) 参照(R)]"，如图 3-20 所示。拖动鼠标指针围绕矩形旋转会显示旋转的方向和角度，按下鼠标左键进行确认。

小结：在图形的操作过程中，可以按 F8 键打开正交模式，这样就可以使图形只在水平或者垂直方向上进行旋转。还可以通过输入旋转角度值的方式进行图形的旋转操作。

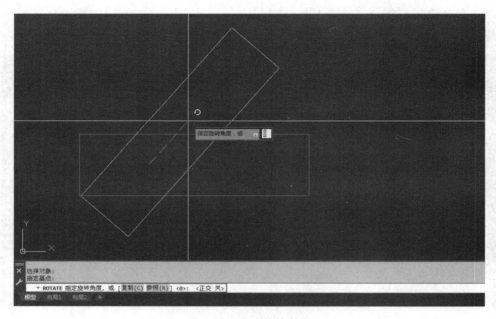

图 3-20　指定旋转角度

## 3.3.2　对象的缩放操作

(1)　打开随书资源中的"第 3 章　缩放案例"文件。在功能区中，单击"默认"选项卡"修改"选项组中的"缩放"按钮，如图 3-21 所示。也可以通过使用快捷键 SC 调用"缩放"命令。

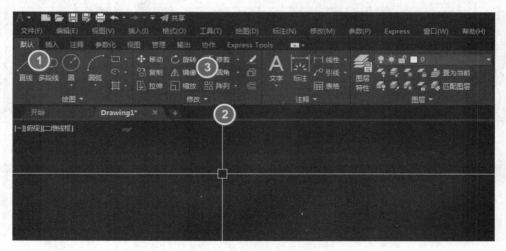

图 3-21　单击"缩放"按钮

(2)　命令提示行提示"SCALE 选择对象"，如图 3-22 所示。单击操作对象，按 Enter 键或空格键，命令提示行提示"SCALE 指定基点"，如图 3-23 所示。

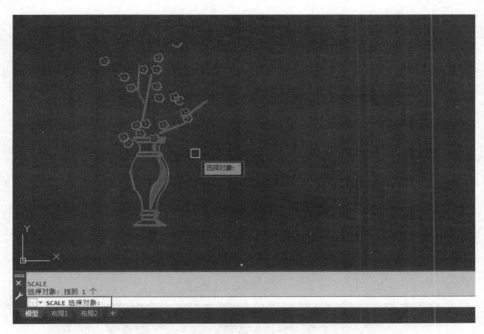

图 3-22　选择对象

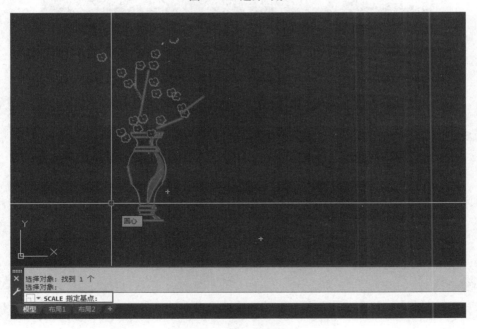

图 3-23　指定缩放基点

（3）在图形附近单击确认缩放的基点位置，命令提示行提示"SCALE 指定比例因子或 [复制(C) 参照(R)]"，如图 3-24 所示。根据提示，输入图形的缩放倍数，如图 3-25 所示。按 Enter 键或者空格键确认。

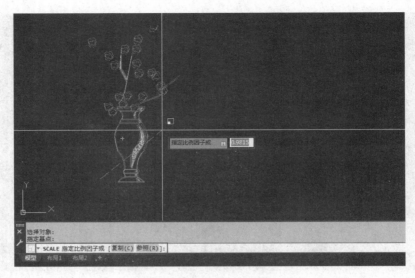

图 3-24　指定比例因子

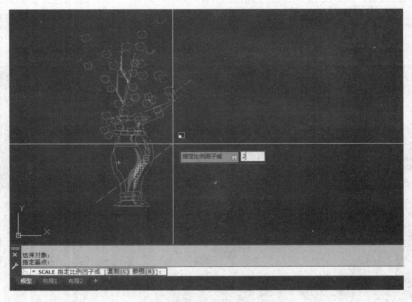

图 3-25　输入缩放倍数

> **小结：** 在输入图形的缩放倍数时，既可以输入整数倍或者 1.2、1.3、1.6…这样的放大级倍数，也可以输入 0.1、0.5、0.8…这样的缩小级倍数。

# 3.4　修剪和延伸对象

## 3.4.1　对象的修剪操作

（1）在绘制图纸的过程中，当图形之间出现交叉现象时需要对图形进行修剪。打开随书资源中的"第 3 章 修剪-延伸案例"文件，在功能区中，单击"默认"选项卡"修改"

选项组中的"修剪"按钮，如图 3-26 所示。也可以通过使用快捷键 TR 调用"修剪"命令。

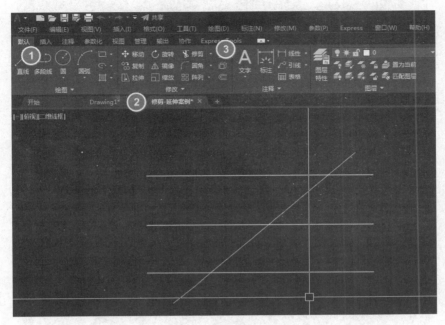

图 3-26　单击"修剪"按钮

(2)　命令提示行提示"TRIM [剪切边(T) 窗交(C) 模式(O) 投影(P) 删除(R)]"，如图 3-27 所示。鼠标指针变成拾取框样式后，移动鼠标对修剪对象予以操作，如图 3-28 所示。修剪后效果如图 3-29 所示。

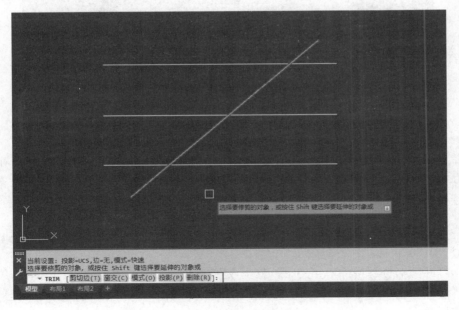

图 3-27　选择修剪的对象

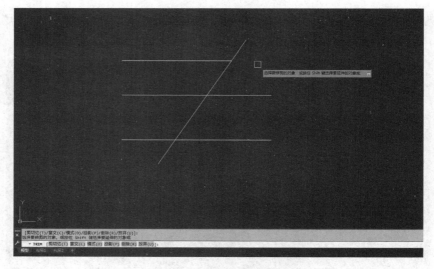

图 3-28　局部修剪效果

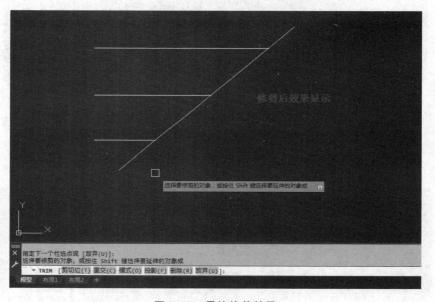

图 3-29　最终修剪效果

　　**小结**：当命令行提示"选择要修剪的对象，或按住 Shift 键选择要延伸的对象或"时，按住 Shift 键，"修剪"命令和"延伸"命令将自动进行转换。既可以通过点选方式选择要修剪的对象，也可以通过窗交方式选择单个或多个修剪对象。

## 3.4.2　对象的延伸操作

　　(1) 打开随书资源中的"第 3 章 修剪-延伸案例"文件，在功能区中，单击"默认"选项卡"修改"选项组中的"延伸"按钮，如图 3-30 所示。也可以通过使用快捷键 EX 调用"延伸"命令。

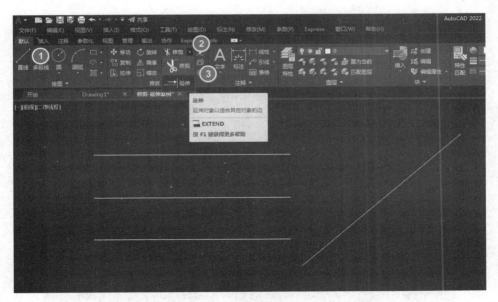

图 3-30　单击"延伸"按钮

(2) 命令行提示"选择要延伸的对象，或按住 Shift 键选择要修剪的对象或"，如图 3-31 所示。单击操作对象，延伸效果如图 3-32 所示。

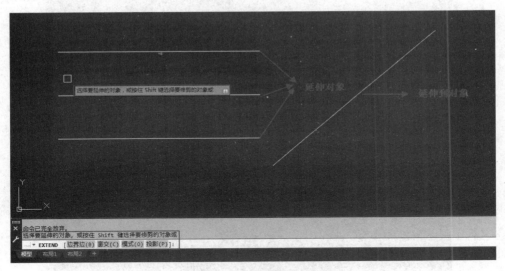

图 3-31　选择延伸对象

(3) 单击操作对象时，可以通过点选方式选择要延伸的对象，如图 3-33 所示。也可以通过多选的方式选择单个或者多个延伸对象，输入快捷键后，在需要延伸的对象一侧按下鼠标左键确定栏选点 1，命令提示行提示"EXTEND 指定下一个栏选点或[(放弃)U]"，如图 3-34 所示。在需要的位置确认栏选点 2 后，延伸对象就会自动一起延伸到对象，效果如图 3-35 所示。

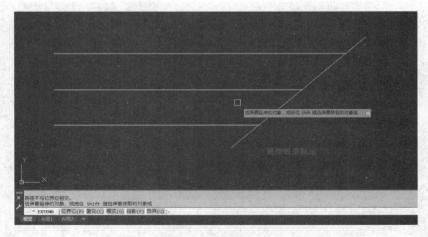

图 3-32　延伸效果

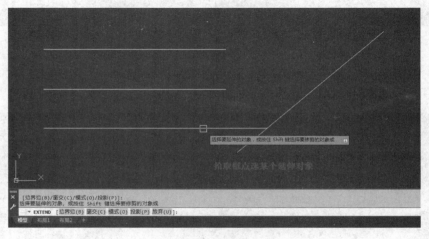

图 3-33　点选延伸对象

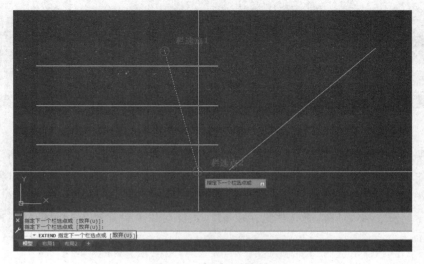

图 3-34　栏选延伸对象

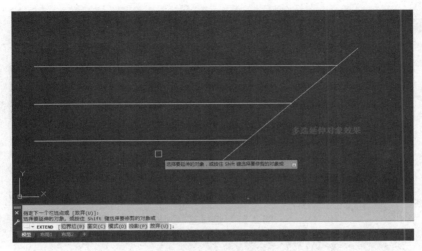

图 3-35　延伸效果

小结：在运用"修剪"和"延伸"命令时，CAD 旧版本可以通过"TR+空格+空格"和"EX+空格+空格"的方式快速对图形进行修剪和延伸操作；在 AutoCAD 2022 中，使用"命令+空格"就可以实现同样的效果，这样可以提高制图效率。

## 3.5　复制和镜像对象

在图纸的操作过程中，某些图形会反复出现和被调用，为了提高制图效率，可以对已有图形进行复制或镜像。

AutoCAD 2022
二维图形的编辑(下)

### 3.5.1　对象的复制操作

(1) 在操作界面中创建任意矩形，在功能区中，单击"默认"选项卡"修改"选项组中的"复制"按钮，如图 3-36 所示。也可以通过使用快捷键 CO 调用"复制"命令。

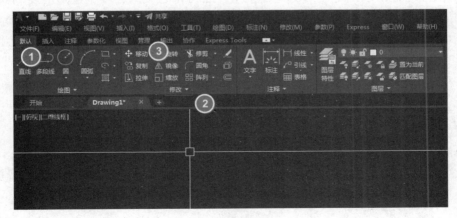

图 3-36　单击"复制"按钮

(2) 命令提示行提示"COPY 选择对象",如图 3-37 所示。选择对象后,按 Enter 键或空格键,命令提示行提示"COPY 指定基点或 [位移(D) 模式(O)]",如图 3-38 所示。

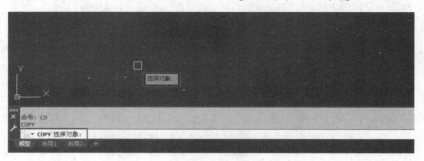

图 3-37 选择复制对象

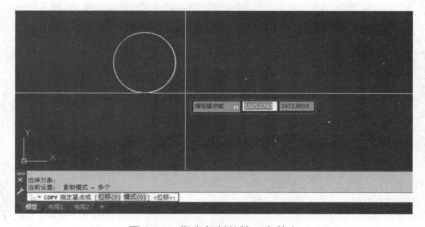

图 3-38 指定复制的第一个基点

(3) 单击确认基点位置后,向一侧方向拖动鼠标指针,命令提示行提示"COPY 指定第二个点或 [阵列(A)]<使用第一个点作为位移>",如图 3-39 所示。在拖动图形的过程中,按下鼠标左键可以确定图形的具体位置,还可以连续进行多个图形的复制操作,如图 3-40 所示。

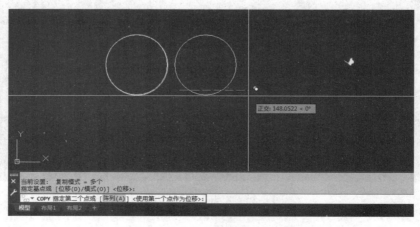

图 3-39 指定复制的第二个基点

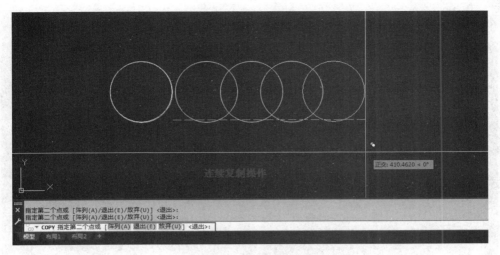

图 3-40　连续复制

小结：在多次复制时，可以根据提示继续对图形进行复制。在进行第二次复制后命令提示行一直会提示"指点第二个点或[阵列(A) 退出(E) 放弃(U)]"，如此重复下去，直到按 Enter 键或者空格键结束复制操作。

## 3.5.2　对象的镜像操作

(1) 打开随书资源中的"第 3 章 镜像案例"文件。按 F8 键打开正交模式。在功能区中，单击"默认"选项卡"修改"选项组中的"镜像"按钮，如图 3-41 所示。也可以通过使用快捷键 MI 调用"镜像"命令。

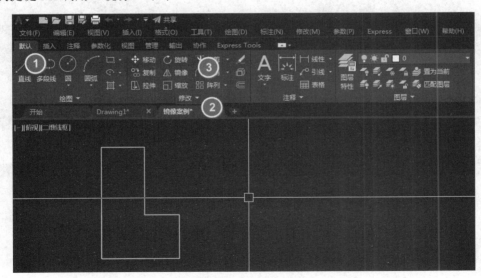

图 3-41　单击"镜像"按钮

(2) 命令提示行提示"MIRROR 选择对象"，如图 3-42 所示。单击操作对象，按 Enter 键或空格键，命令提示行提示"MIRROR 选择对象：指定镜像线的第一点"，如

图 3-43 所示。

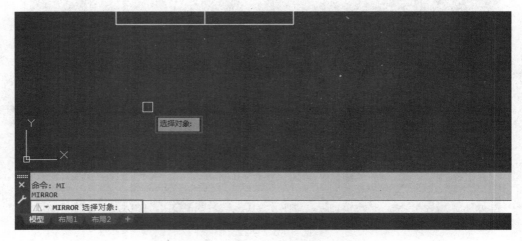

图 3-42　提示选择对象

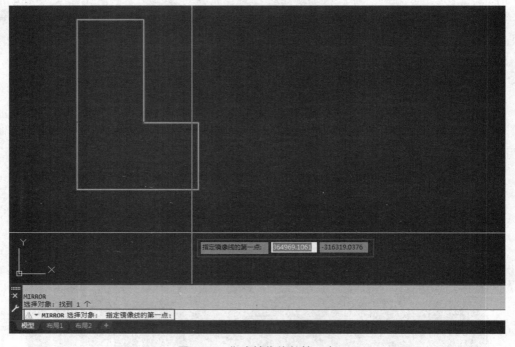

图 3-43　指定镜像线的第一点

(3) 单击确定镜像线的第一点，命令提示行提示"MIRROR 指定镜像线的第二点"，如图 3-44 所示。拖动图形单击确认镜像线的第二点，命令提示行提示"MIRROR 要删除源对象吗？[是(Y) 否(N)]"，如图 3-45 所示。根据需要选择是否删除源对象。

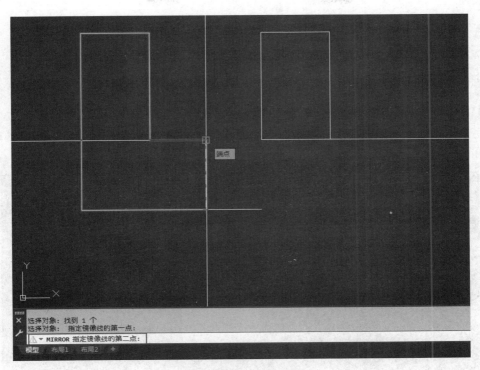

图 3-44 指定镜像线的第二点

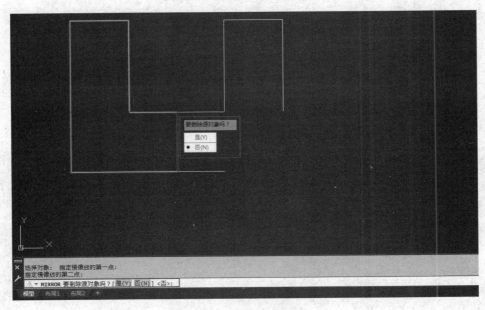

图 3-45 提示是否删除源对象

**小结:** 在镜像的过程中,如果输入 Y,就会删除源图形;如果输入 N,则保留源图形与镜像图形。在使用"镜像"命令时,可以按 F8 键打开正交模式,这样比较容易控制图形镜像后的效果。

# 3.6 倒角和圆角对象

## 3.6.1 对象的倒角操作

(1) 打开随书资源中的"第 3 章 倒角-圆角案例"文件。在功能区中，单击"默认"选项卡"修改"选项组中的"倒角"按钮，如图 3-46 所示。也可以通过使用快捷键 F 调用"倒角"命令。

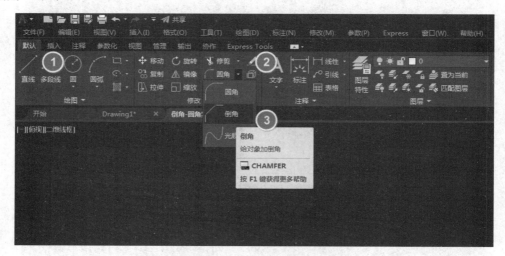

图 3-46 单击"倒角"按钮

(2) 命令提示行提示"FILLET 选择第一个对象或 [放弃(U) 多段线(P) 半径(R) 修剪(T) 多个(M)]"，如图 3-47 所示。单击倒角的第一个对象，命令提示行提示"FILLET 选择第二个对象，或按住 Shift 键选择对象以应用角点或 [半径(R)]"，如图 3-48 所示。继续单击倒角的第二个对象，倒角后效果如图 3-49 所示。

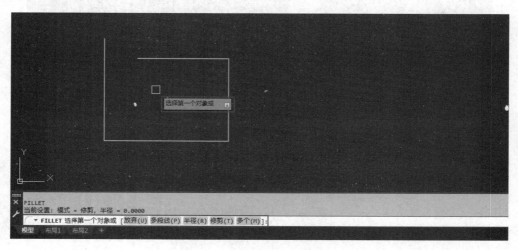

图 3-47 选择第一个对象

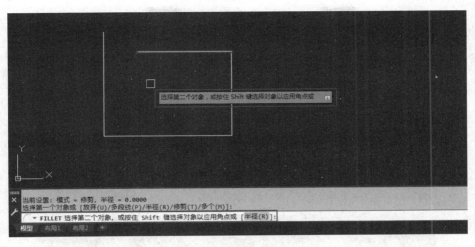

图 3-48　选择第二个对象

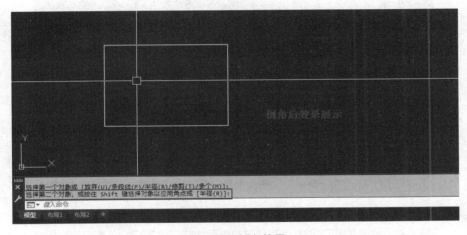

图 3-49　倒角效果

小结：在进行倒角操作时，如果命令不执行或执行后图形没有变化，是因为系统默认倒角角度为 0。如果没有事先设置倒角角度，将以默认值执行命令，所以图形不会发生变化。

## 3.6.2　对象的圆角操作

(1) 倒圆角就是将两条相交或会相交的直线予以圆角倒角操作。在功能区中，单击"默认"选项卡"修改"选项组中的"圆角"按钮，如图 3-50 所示。也可以通过使用快捷键 F 调用"圆角"命令。

(2) 命令提示行提示"FILLET 选择第一个对象或 [放弃(U) 多段线(P) 半径(R) 修剪(T) 多个(M)]"，如图 3-51 所示。输入"R"(代表下面将以圆角半径的形式进行操作)后按空格键或 Enter 键，命令提示行提示"FILLET 指定圆角半径"，本案例以输入"800"为例，如图 3-52 所示。

图 3-50　单击"圆角"按钮

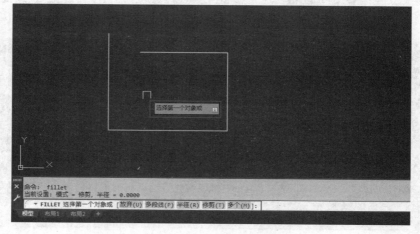

图 3-51　命令提示行提示

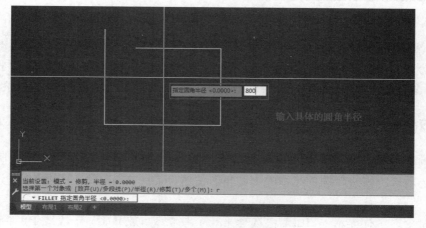

图 3-52　输入圆角半径值

　　(3)　按 Enter 键或空格键,命令提示行提示"FILLET 选择第一个对象或 [放弃(U) 多段线(P) 半径(R) 修剪(T) 多个(M)]",如图 3-53 所示。

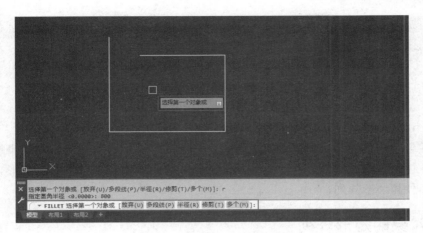

图 3-53　选择第一个圆角对象

(4)　单击第一个对象后，命令提示行提示"FILLET 选择第二个对象，或按住 Shift 键选择对象以应用角点或 [半径(R)]"，如图 3-54 所示。继续单击倒圆角的第二个对象，倒圆角最终效果如图 3-55 所示。

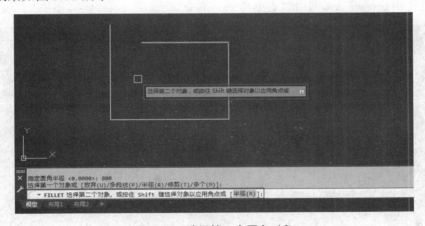

图 3-54　选择第二个圆角对象

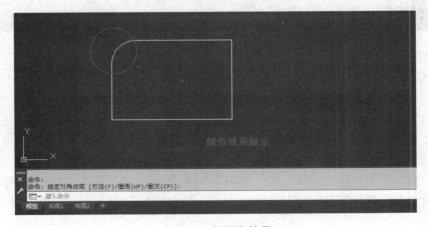

图 3-55　倒圆角效果

小结：按空格键可以重复执行上一次的命令，继续对需要倒圆角的对象进行倒圆角操作。同时将按照上一次的圆角半径值继续操作，圆角半径值相当于弧形弧度，在操作时注意体会。

# 3.7　阵　列　对　象

阵列主要用来创建多个相同的对象，它是复制的一种形式。在进行有规律的多重复制时，阵列往往比单纯的复制更具有优势。在 AutoCAD 2022 中，阵列有三种形式：矩形阵列、路径阵列和环形阵列。

## 3.7.1　对象的矩形阵列

矩形阵列即进行多行或多列的复制，并能控制行和列的数目以及行/列间距。

(1) 在操作界面中创建任意矩形后，在功能区中，单击"默认"选项卡"修改"选项组中的"阵列"下拉按钮，在弹出的下拉菜单中选择"矩形阵列"命令，如图 3-56 所示。也可以通过使用快捷键 AR 调用"矩形阵列"命令。

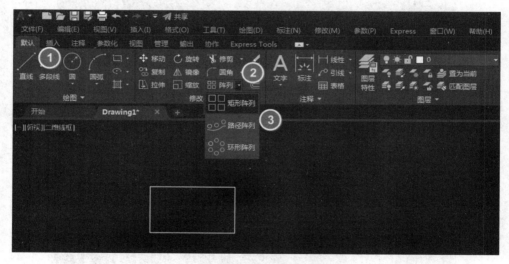

图 3-56　选择"矩形阵列"命令

(2) "矩形阵列"的按钮操作。选择"矩形阵列"命令，命令提示行提示"ARRAYRECT 选择对象"，如图 3-57 所示。选择操作对象后，按 Enter 键或空格键，弹出"阵列创建"选项卡，如图 3-58 所示。

(3) "矩形阵列"的快捷键操作。使用快捷键"AR+空格"，命令提示行提示"ARRAYRECT 选择对象"。选择矩形阵列对象，按 Enter 键或空格键，在弹出的"输入阵列类型"列表框中选择"矩形"项，如图 3-59 所示。选择阵列类型后，在弹出的"阵列创建"选项卡中设置"矩形阵列"参数。

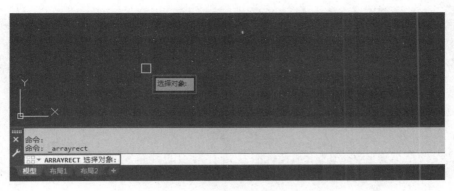

图 3-57　选择矩形阵列对象

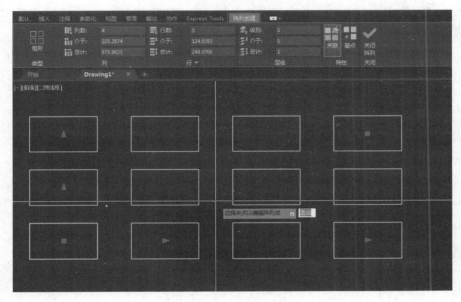

图 3-58　"阵列创建"选项卡

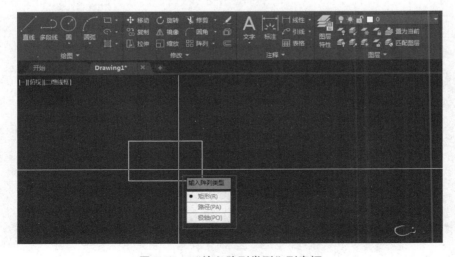

图 3-59　"输入阵列类型"列表框

> **小结：** 在"阵列创建"选项卡中，"级别"文本框用于 AutoCAD 三维图形的建立，相当于指定层数。当列间距输入正值时，阵列相对于要阵列的原对象向右阵列，输入负值则向左阵列；当行间距输入正值时，阵列相对于要阵列的原对象向上阵列，输入负值则向下阵列。

## 3.7.2 对象的路径阵列

路径阵列是指将阵列的对象沿着路径线进行均匀的分布复制，路径可以是多段线、圆弧等。

(1) 打开随书资源中的"第 3 章 阵列案例"文件。在功能区中，单击"默认"选项卡"修改"选项组中的"阵列"下拉按钮，在弹出的下拉菜单中选择"路径阵列"命令，如图 3-60 所示。也可以通过使用快捷键 AR 调用"路径阵列"命令。

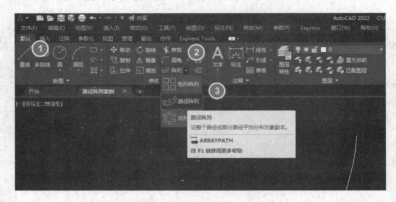

图 3-60 选择"路径阵列"命令

(2) 使用"路径阵列"命令。选择"路径阵列"命令，命令提示行提示"ARRAYPATH 选择对象"，如图 3-61 所示。单击图形文件，按 Enter 键或空格键，命令提示行提示"ARRAYPATH 选择路径曲线"，如图 3-62 所示。选择圆弧路径曲线后，功能区中将弹出"阵列创建"选项卡，如图 3-63 所示。

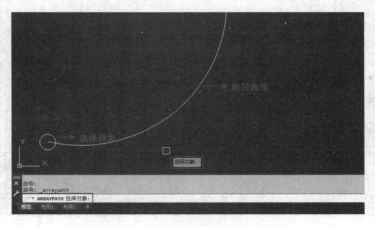

图 3-61 选择阵列对象

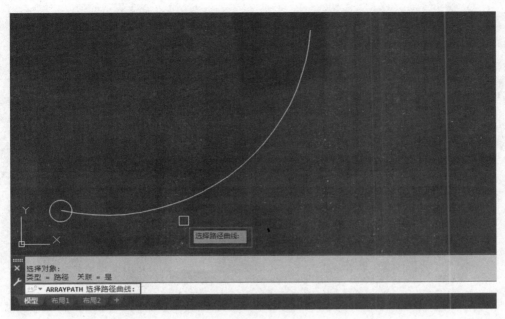

图 3-62　选择路径曲线

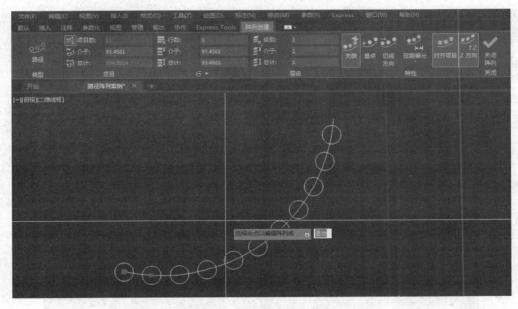

图 3-63　"阵列创建"选项卡

(3) 使用"路径阵列"命令对应的快捷键。使用快捷键"AR+空格"后，命令提示行提示"ARRAYPATH 选择对象"。选择路径阵列的对象，按空格键或 Enter 键，在弹出的"输入阵列类型"列表框(见图 3-64)中选择"路径"项。根据提示继续操作，在弹出的"阵列创建"选项卡中设置"路径阵列"参数。

AutoCAD 2022 基础与室内设计教程(全视频微课版)

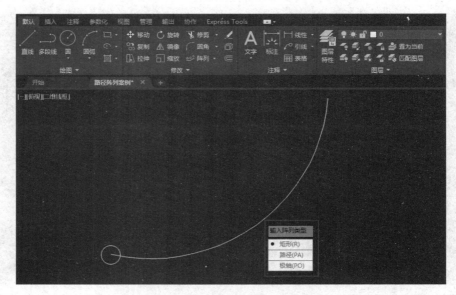

图 3-64　"输入阵列类型"列表框

**小结**：路径阵列面板里的测量命令的含义是：即使路径被编辑，对象间的距离也不会改变，当路径被编辑得太短而无法显示所有对象时，AutoCAD 2022 会自动调整对象数量。

### 3.7.3　对象的环形阵列

(1) 环形阵列即指定环形中心，用来确定此环形的半径，围绕此中心进行圆周上的等距离复制。在操作界面中创建一个大圆和一个小圆，小圆圆心要在大圆圆周上。在功能区中，单击"默认"选项卡"修改"选项组中的"阵列"下拉按钮，在弹出的下拉菜单中选择"环形阵列"命令，如图 3-65 所示。也可以通过使用快捷键 AR 调用"环形阵列"命令。

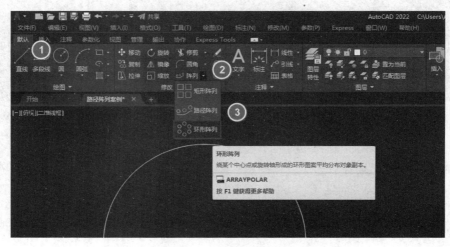

图 3-65　选择"环形阵列"命令

(2) 使用"环形阵列"命令。选择"环形阵列"命令，命令提示行提示"ARRAYPOLAR 选择对象"，如图 3-66 所示。选择小圆图形后按 Enter 键或空格键，命令提示行提示 "ARRAYPOLAR 指定阵列的中心点或 [基点(B) 旋转轴(A)]"，如图 3-67 所示。单击确认大圆圆心后，在功能区中将弹出"阵列创建"选项卡，如图 3-68 所示。

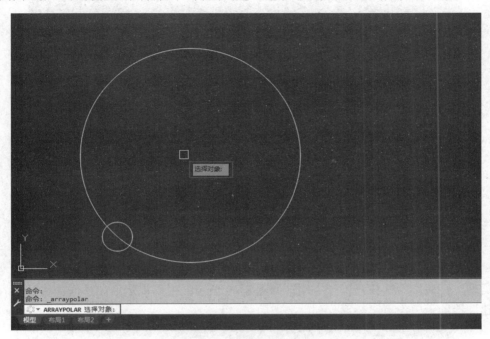

图 3-66　选择环形阵列对象

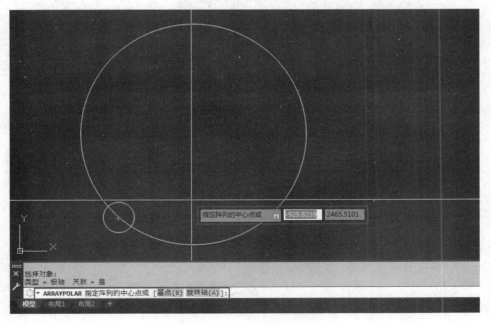

图 3-67　指定阵列的中心点

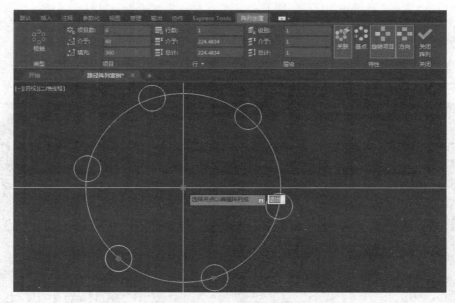

图 3-68 "阵列创建"选项卡

(3) 使用"环形阵列"命令对应的快捷键。使用快捷键"AR+空格",命令提示行提示"ARRAYPOLAR 选择对象",选择小圆图形,按 Enter 键或空格键,在弹出的"输入阵列类型"列表框中选择"极轴"项,如图 3-69 所示。根据提示继续操作,在弹出的"阵列创建"选项卡中设置"环形阵列"参数即可。

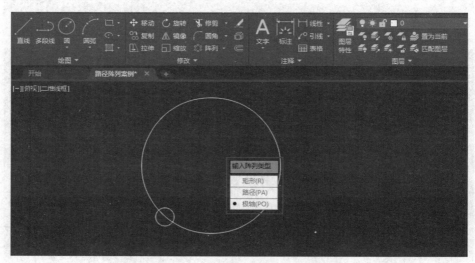

图 3-69 "输入阵列类型"列表框

小结:在命令提示行显示"ARRAYPOLAR 指定阵列的中心点或[基点(B) 旋转轴(A)]"时,可以先开启状态栏中的"对象捕捉"和"对象追踪"功能,以显示和捕捉大圆的圆心位置,然后单击确认大圆圆心位置即可。

# 3.8　打断和特性匹配对象

## 3.8.1　对象的打断操作

(1) 在操作界面中创建任意矩形。在功能区中，单击"默认"选项卡"修改"选项组中的"打断"按钮，如图 3-70 所示。也可以通过使用快捷键 BR 调用"打断"命令。

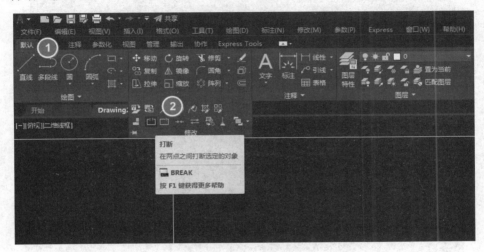

图 3-70　单击"打断"按钮

(2) 命令提示行提示"BREAK 选择对象"，如图 3-71 所示。确认第一个打断点的位置，命令提示行提示"BREAK 指定第二个打断点 或 [第一点(F)]"，如图 3-72 所示。

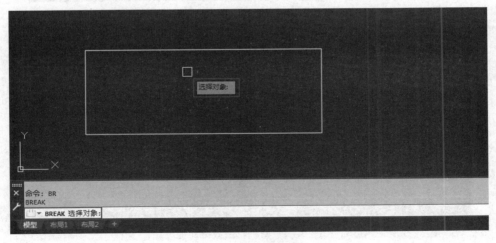

图 3-71　选择打断对象

(3) 确认第二个打断点的位置，打断后效果如图 3-73 所示。需要注意的是，第二个打断点跟第一个打断点可以处于同一条直线上，也可以不处于同一条直线上，不处于同一条直线上的两个打断点操作后效果如图 3-74 所示。

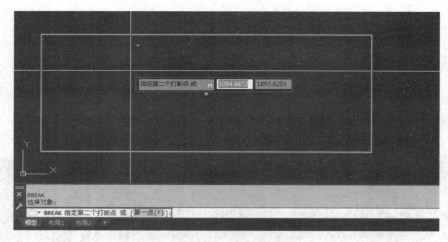

图 3-72　指定第二个打断点

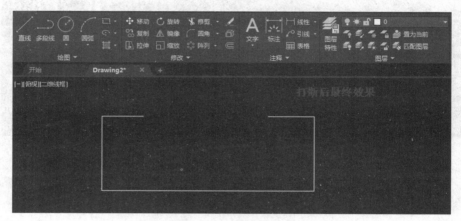

图 3-73　打断效果

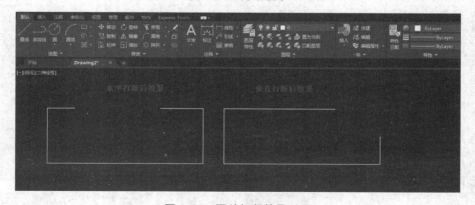

图 3-74　两种打断效果对比

小结：在运用"打断"命令操作的过程中，当命令提示行提示"BREAK 选择对象"后，按下鼠标左键确认的位置就是第一个打断点的位置，然后再根据提示继续单击确定第二个打断点的位置即可。

## 3.8.2　对象的笔刷操作

使用笔刷命令可以将某个图形的特性匹配到其他图形上，所以又叫特性匹配。图形只能匹配两者共同的特性，因此，同类对象可以匹配的特性比较多，非同类对象只能匹配一些公共特性，如图层、颜色、线型等。本案例以匹配对象之间的颜色特性为例进行讲解。

（1）在操作界面中创建任意三个矩形，第一个矩形颜色为红色，第二个和第三个矩形颜色为白色。在功能区中，单击"默认"选项卡中的"特性匹配"按钮，如图 3-75 所示。也可以通过使用快捷键 MA 调用"特征匹配"命令。

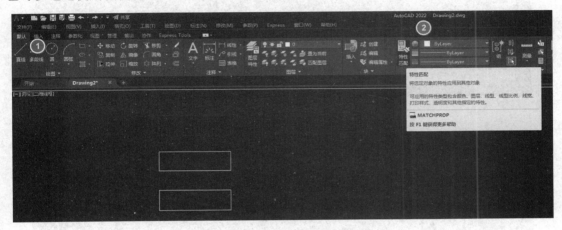

图 3-75　单击"特性匹配"按钮

（2）命令提示行提示"MATCHPROP 选择源对象"，如图 3-76 所示。单击源对象红色矩形，命令提示行提示"MATCHPROP 选择目标对象或 [设置(S)]"，如图 3-77 所示。单击需要特性匹配的其他矩形图形，效果如图 3-78 所示。

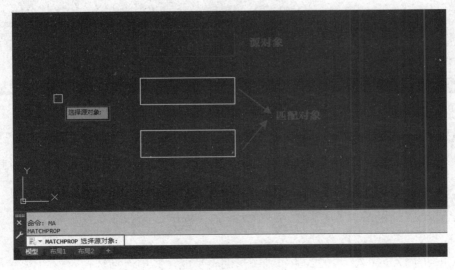

图 3-76　选择源对象

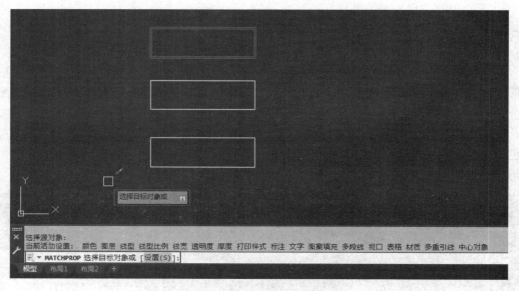

图 3-77 选择目标对象

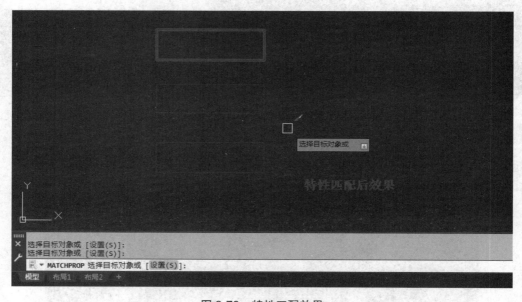

图 3-78 特性匹配效果

**小结**：特性匹配(即笔刷)操作在制图过程中非常重要。它不仅可以特性匹配物体之间的颜色、图层、线型，还可以匹配尺寸标注、文字和填充的图案样式等，熟练运用"特性匹配"命令能极大地提高制图的效率。

# 本 章 小 结

本章介绍了 AutoCAD 2022 的二维图形编辑功能，其中包括选择对象的方法，各种二维图形的编辑操作，如删除、移动、复制、旋转、缩放、偏移、镜像、阵列、修剪、延伸、打断、创建倒角和圆角等。

使用 AutoCAD 2022 绘制图纸时，可以用多种方法实现。例如，当绘制已有直线的平行线时，既可以用 COPY(复制)命令得到，也可以用 OFFSET(偏移)命令实现，具体采用哪种方法取决于用户的绘图习惯、对 AutoCAD 2022 的熟练程度以及具体的绘图要求。

本章在案例操作演示的过程中，都是遵循先单击按钮再选择图形对象进行操作的步骤来完成的。在实际制图过程中，可以先选择物体再单击按钮。执行快捷键的方式比较常用，在制图的过程中要注意运用。

# 第4章
# 特性功能和图案填充

　　特性功能为图案填充对象设置特定的颜色、透明度和图层，确保每个新图案填充对象无论当前特性设置如何，都能自动应用指定的属性。图案填充是AutoCAD 2022 软件中一项重要的功能，它允许用户为封闭区域填充预定义的图案，以增强图纸的可读性和美观性。

# 4.1 AutoCAD 2022 的特性功能

AutoCAD 2022
的特性功能

## 4.1.1 AutoCAD 2022 特性功能简介

### 1. 调用"特性"选项组

(1) AutoCAD 2022 的工作空间可以根据用户的绘图习惯自行设置，可选择的工作空间有"草图与注释""三维基础""三维建模"，如图 4-1 所示。除了可以选择不同类型的工作空间外，还可以对工作空间进行自行设置、另存等操作。

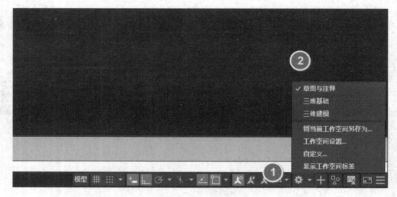

图 4-1 工作空间

(2) 不同的工作空间类型，显示的图形操作界面就不同。图 4-2 所示为"草图与注释"工作空间的基本操作界面。操作界面不同，调用"特性"选项组的方法就不一样。

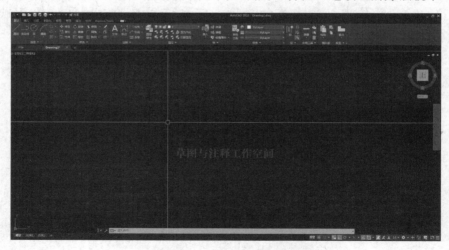

图 4-2 "草图与注释"工作空间

(3) 在"草图与注释"工作空间中调用"特性"选项组。在"草图与注释"工作空间的工具面板右侧空白位置用鼠标右击，在弹出的快捷菜单中选择"显示面板"→"特性"命令，如图 4-3 所示。选择后"特性"选项组就显示在工具面板中了。

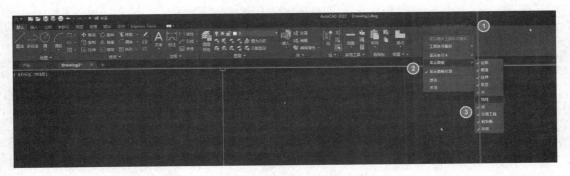

图 4-3　调用"特性"选项组

### 2. "特性"选项组介绍

(1) "特性"选项组的内容。在室内设计图纸绘制的过程中，每个图形元素都有其特有的颜色、线型、线宽等属性信息，用户可以对这些信息进行设定和修改。在默认状态下，该选项组的"对象颜色""线型""线宽"位置都显示 ByLayer，如图 4-4 所示。

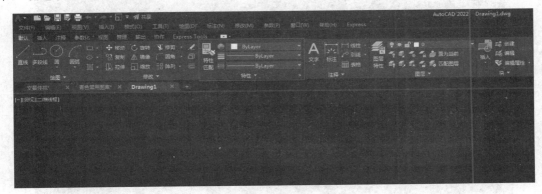

图 4-4　"特性"选项组

(2) "特性"选项组组成。"特性"选项组由四部分组成，分别是"特性匹配""对象颜色""线宽""线型"，如图 4-5 所示。

图 4-5　"特性"选项组的组成

> **小结：** ByLayer 的含义是所绘制的图纸对象的颜色、线型和线宽等属性与当前层所设定的完全相同。

### 4.1.2　AutoCAD 2022 特性功能的基本概念

下面将介绍如何设置临时创建的图形对象特性，以及如何修改已有对象的这些特性。

#### 1. 对象颜色

使用 AutoCAD 2022 绘制室内设计图纸时，可以将不同的图形对象用不同的颜色表示。软件提供了丰富的颜色方案，最常用的是"索引颜色"选项组中的 9 种颜色方案类型，如图 4-6 所示。如果用户需要更多的颜色方案，可以选择下拉菜单最下侧的"更多颜色"命令，在弹出的"选择颜色"对话框中选择和设置更多的颜色方案，如图 4-7 所示。

图 4-6　"索引颜色"选项组

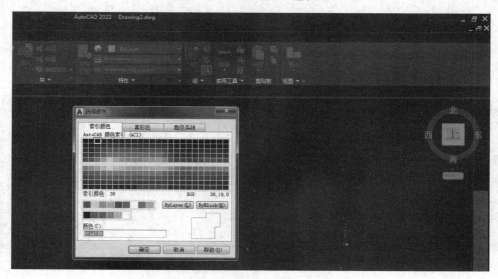

图 4-7　"选择颜色"对话框

## 2. 线宽

室内设计图纸中不同的线型有不同的线宽要求。用 AutoCAD 2022 绘制图纸时，有两种确定线宽的方法。一种方法与手工绘图一样，即直接将构成图形对象的线条用不同的宽度表示；另一种方法是将有不同线宽要求的图形对象用不同颜色表示，但其绘图线宽仍采用 AutoCAD 2022 默认的宽度样式，不设置具体的宽度。

当通过打印机或绘图仪输出图形时，利用打印样式将不同颜色的对象设成不同的线宽，即在 AutoCAD 2022 中显示的图形没有线宽，而通过绘图仪或打印机将图形输出到图纸后会反映出线宽。

## 3. 线型

在绘制室内设计图纸时经常需要采用不同的线型来进行图纸的操作，如虚线、中心线等。比如在绘制室内原始结构图纸时，房屋顶梁的线型就是使用灰色虚线标示，窗户内部结构线使用绿色实体线标示。

小结：要熟悉 AutoCAD 2022 的特性功能，它不仅涉及图纸的虚线、实线、中心线等线型控制，还涉及图纸显示的对象颜色和最终打印输出的样式，对以后具体图纸的操作和打印输出具有重要的意义。

# 4.1.3　AutoCAD 2022 特性功能的基本设置

## 1. 线型设置

### 1)　线型的概念

线型是由虚线、点和空格组成的重复图案。线型可以显示为直线或曲线，可以通过图层将线型指定给对象，也可以在"特性"选项组中为对象指定明确的线型。在开始创建图形前，通常会先加载好需要用到的线型，以备选用。

### 2)　线型的加载

默认情况下，绘制的对象采用当前图层所设置的线型。若要使用其他种类线型，则必须改变当前线型设置。本案例以中心线线型为例演示加载步骤。

(1) 打开软件后，在功能区中，单击"默认"选项卡"特性"选项组中的"线型"按钮，如图 4-8 所示。也可以通过使用快捷键 LT 调用"线型"命令。

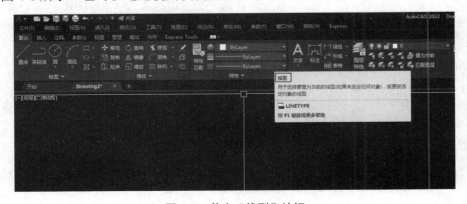

图 4-8　单击"线型"按钮

(2) 在弹出的下拉列表中选择"其他"选项或者使用快捷键"LT+空格"调用相应的命令后，弹出"线型管理器"对话框，如图 4-9 所示。单击"加载"按钮，弹出"加载或重载线型"对话框，如图 4-10 所示。

图 4-9 "线型管理器"对话框

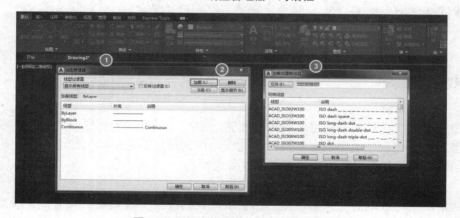

图 4-10 "加载或重载线型"对话框

(3) 在"可用线型"列表框中选择 CENTER，如图 4-11 所示。单击"确定"按钮，在"线型管理器"对话框的"当前线型"列表框中会显示加载的 CENTER 线型，如图 4-12 所示。

(4) 显示加载的线型。在功能区中，单击"默认"选项卡"特性"选项组中的"线型"按钮，在弹出的下拉列表中显示已经加载的 CENTER 线型，如图 4-13 所示。

3) 线型的清理

在图形绘制完毕后，可能有的线型已经加载好了，但是在图形中并没有使用该线型。为了减少文件的占用空间，通常会将这些线型清除。

在清除之前，如果清楚哪些线型没有应用到图纸当中，可以直接将这些线型卸载或者删除。使用快捷键"LT+空格"调用相应的命令，在弹出的"线型管理器"对话框中选择(可以利用 Shift 键或 Ctrl 键多选)需要删除的线型，单击"删除"按钮，如图 4-14 所示。需要注意的是，ByLayer、ByBlock、Continuous 这三种默认线型是不能卸载的。

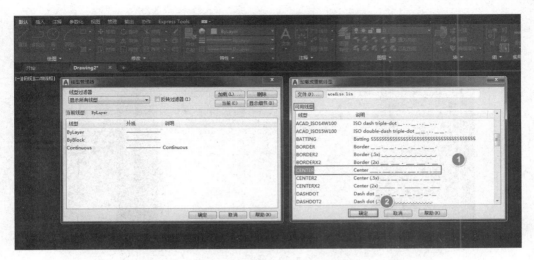

图 4-11　选择 CENTER 线型

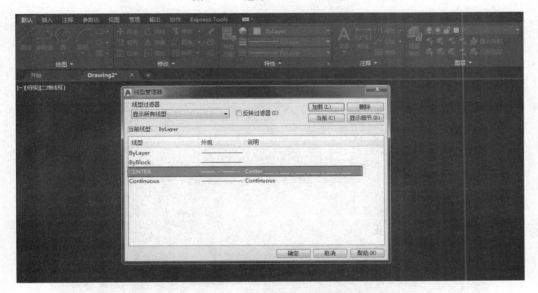

图 4-12　"当前线型"列表框中显示新线型

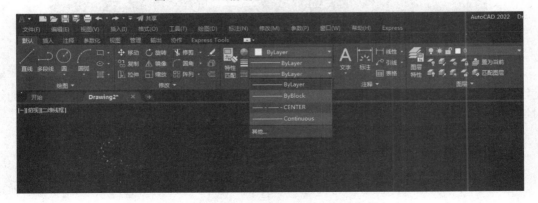

图 4-13　下拉列表中显示 CENTER 线型

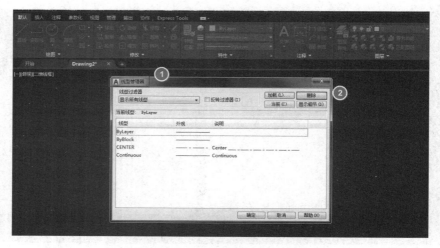

图 4-14　删除线型

## 2. 线宽设置

(1) 调用"线宽设置"对话框。在功能区中，单击"默认"选项卡"特性"选项组中的"线宽"按钮，在弹出的下拉列表中选择"线宽设置"选项，如图 4-15 所示。也可以通过使用快捷键 LW 调用"线宽设置"对话框。

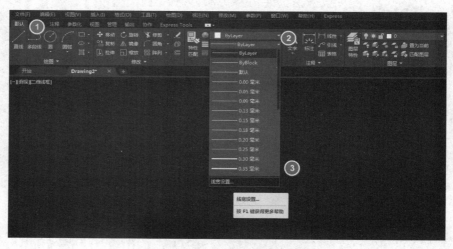

图 4-15　选择"线宽设置"选项

(2) 使用"线宽设置"对话框。单击"线宽设置"按钮或者使用快捷键后，弹出"线宽设置"对话框，如图 4-16 所示。在"线宽"列表框中提供了 20 余种线宽，还可以通过对话框进行其他设置，如单位、显示比例等。

## 3. 对象颜色设置

### 1) 颜色的概念和分类

通过颜色可以直观地区分图形对象，图形的颜色可以通过图层指定，也可以单独指定。在 AutoCAD 2022 中提供了多种调色板，其中最常用的三种是"索引颜色""真彩色""配色系统"。

**图 4-16　"线宽设置"对话框**

2)　"选择颜色"对话框的调用

在功能区中，单击"默认"选项卡"特性"选项组中的"对象颜色"按钮，在弹出的下拉列表中选择"更多颜色"选项，如图 4-17 所示。也可以通过使用快捷键 COL 调用相应的命令。单击按钮或使用快捷键后，弹出"选择颜色"对话框，如图 4-18 所示。

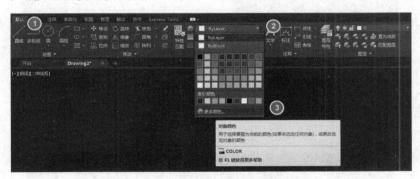

**图 4-17　选择"更多颜色"选项**

3)　"选择颜色"对话框介绍

(1)　"索引颜色"选项卡(见图 4-19)。索引颜色(ACI)是 AutoCAD 2022 中使用的标准颜色。每种颜色都用它对应的 ACI 编号(1 到 255 之间的整数)表示，编号 1 到 7 代表的是标准颜色(1-红、2-黄、3-绿、4-青、5-蓝、6-洋红、7-白/黑)。可以在 256 种颜色中直接单击某种颜色，也可以在"颜色"文本框中直接输入该颜色的名称或编号，比如要使用绿色，可以输入"绿"或"3"。

(2)　"真彩色"选项卡。真彩色使用 24 位颜色定义显示 1600 多万种颜色，它有 RGB 或 HSL 两种颜色模式。"真彩色"选项卡默认使用的是 HSL 颜色模式，这种颜色模式通过指定红、绿、蓝色调组合，颜色的饱和度、亮度来确定颜色，如图 4-20 所示。如果将颜色模式改成 RGB，只能指定颜色的红、绿、蓝色调组合，不能设置饱和度、亮度等因素。

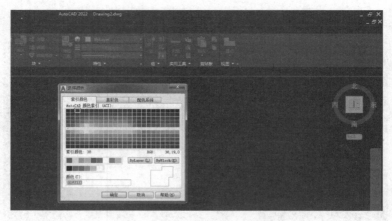

图 4-18　"选择颜色"对话框

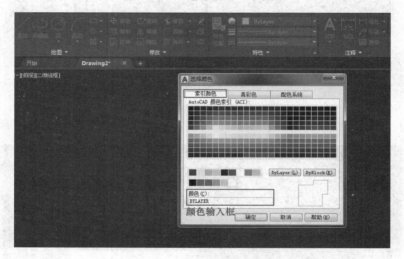

图 4-19　"索引颜色"选项卡

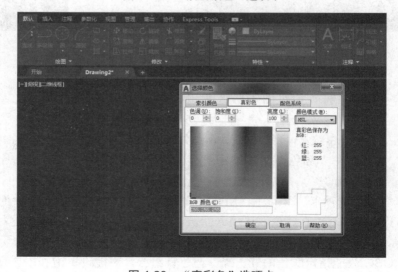

图 4-20　"真彩色"选项卡

(3)　"配色系统"选项卡(见图 4-21)。在"配色系统"下拉列表中，用户可以选择自己需要的配色系统，然后选择需要的颜色即可。加载配色系统后，可以从配色系统中选择颜色，并将其应用到图形中。

图 4-21　"配色系统"选项卡

4)　通过"特性"选项组设置当前颜色

在绘制图纸的过程中，所有对象都是使用当前颜色创建的，当前颜色就是之后要创建的新对象的颜色。默认情况下不选择任何对象，当前颜色将会在"特性"选项组中的"对象颜色"按钮处显示，如图 4-22 所示。

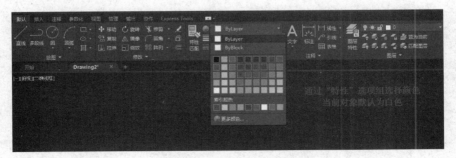

图 4-22　"对象颜色"按钮

小结：在具体设置 AutoCAD 2022 的特性功能时，要注意如何调用线型、线宽和对象颜色的设置对话框，并且要学会清理图形中加载的多余线型。在实际的图纸操作中，注意在对某个图形操作之前，要先选中此图形。

## 4.1.4　AutoCAD 2022 特性功能案例操作

在 AutoCAD 2022 图形界面中绘制任意矩形，通过对矩形的线型、线宽和对象颜色的设置来演示 AutoCAD 2022 特性功能的使用方法。假定把矩形的特性功能设置为"线型：

虚线样式""线宽：0.30mm(显示线宽样式)"和"对象颜色：灰色252"。

### 1. 线型样式设置

(1) 选择线型样式。通过菜单栏或使用快捷键调出"线型管理器"对话框。单击"加载"按钮，在弹出的"加载或重载线型"对话框中选择 ACAD-JSO02W100 线型样式，如图 4-23 所示。

图 4-23　加载新的线型

(2) 设置矩形线型样式。选择矩形，在功能区中，单击"默认"选项卡"特性"选项组中的"线型"按钮，在弹出的下拉列表中显示刚刚加载的线型样式，如图 4-24 所示。把鼠标指针放在新的线型样式位置时，矩形自动呈现新的线型样式。

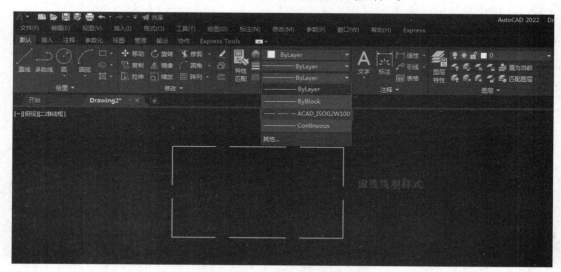

图 4-24　选择新加载的线型样式

(3) 矩形线型比例设置。矩形变成虚线围绕的图形样式后，虚线显示的全局比例太过于密集。在"线型管理器"对话框中单击"显示细节"按钮，"线型管理器"对话框下侧弹出"详细信息"选项组，在"全局比例因子"文本框中输入 2，如图 4-25 所示。全局比例因子参数 1 和 2 的效果对比如图 4-26 所示。

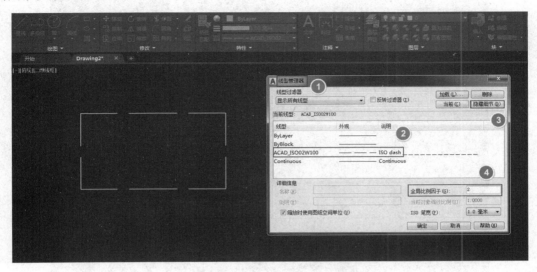

图 4-25　设置"全局比例因子"选项

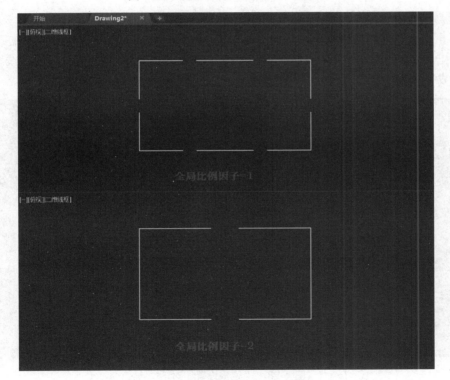

图 4-26　不同的全局比例因子对比效果

### 2. 线宽设置

（1）矩形线宽 0.30mm 的设置。选择矩形，单击"线宽"按钮，在弹出的下拉列表中选择"0.30 毫米"选项，如图 4-27 所示。

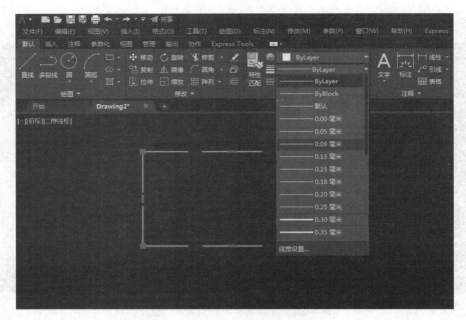

图 4-27　选择 "0.30 毫米" 选项

（2）显示线宽设置。使用快捷键 "LW+空格" 调用相应的命令，在弹出的 "线宽设置" 对话框中选中 "显示线宽" 复选框，如图 4-28 所示。单击 "确定" 按钮，线宽显示效果如图 4-29 所示。

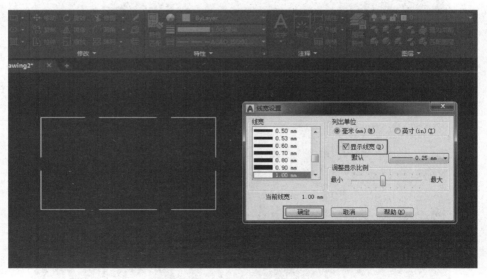

图 4-28　"线宽设置" 对话框

### 3. 对象颜色设置

通过工具按钮或者使用快捷键调出 "选择颜色" 对话框，在 "索引颜色" 选项卡的 "颜色" 文本框中输入 252，如图 4-30 所示。单击 "确定" 按钮，矩形颜色设置效果如图 4-31 所示。

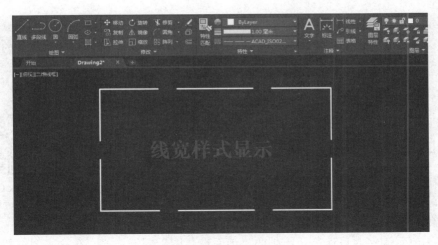

图 4-29　线宽显示效果

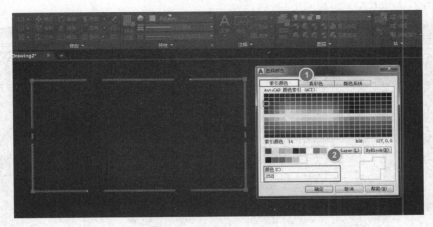

图 4-30　"颜色"参数设置

图 4-31　灰色 252 显示效果

小结：通过本节的案例操作，可以更深入地了解和学习线型、线宽和对象颜色的特性功能以及它们的使用方法，并且注意在设置具体图形线型、线宽和对象颜色时的细节性问题，从而快速而准确地绘制图纸。

# 4.2　填充与编辑图案

## 4.2.1　图案填充简介

AutoCAD 2022
图案的填充与
编辑

在绘制物体的剖面或断面图时，需要使用某一种图案来充满某个指定区域，这个操作过程就是图案填充。图案填充经常用于在剖视图中表达对象的材料类型，从而增加了图形的可读性。

图 4-32 所示为室内设计公司绘制的"地面铺装图"图纸样式，在这张图纸的创作过程中，就用到了 AutoCAD 2022 的图案填充操作。

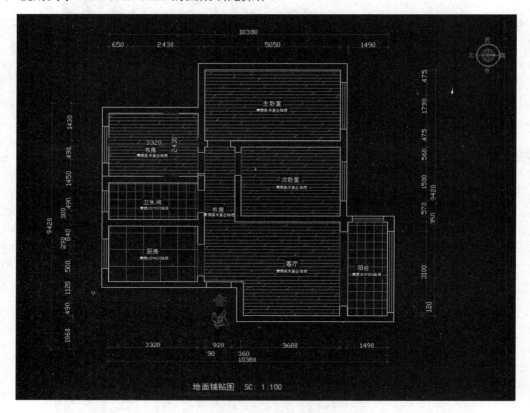

图 4-32　地面铺装图

在 AutoCAD 2022 中，无论一个图案填充是多么复杂，系统都将其认为是一个独立的图形对象。如果使用 Explode 命令将其分解，则图案填充将按图案的构成分解成许多相互独立的直线对象。因此，分解图案填充将大大增加文件的数据量，建议用户除了特殊情况以外不要将其分解。

**小结：** 通过了解图案填充的概念和作用，认识到图案填充在实际项目图纸操作中的重要性。它不仅在平面类型图纸中应用广泛，而且在施工立面、大小样结构图纸中也经常使用。因此，要对图案填充的知识点认识充足，为后面的学习做好储备。

## 4.2.2　图案填充的类型及孤岛检测

**1. 图案填充的类型和调用"图案填充创建"选项卡**

(1) 图案填充的类型。图案填充有四种，分别是"实体""图案""渐变色""用户定义"。

(2) 调用"图案填充创建"选项卡。在功能区中，单击"默认"选项卡"绘图"选项组中的"图案填充"按钮，如图 4-33 所示。也可以通过使用快捷键"H+空格"调用相应的命令。在功能区中将弹出"图案填充创建"选项卡，如图 4-34 所示。

图 4-33　单击"图案填充"按钮

图 4-34　"图案填充创建"选项卡

**2. 图案填充的创建**

下面依次介绍每种图案填充类型的面板参数及其含义。

(1) 设置"图案"填充类型。在弹出的"图案填充创建"选项卡中默认的显示界面就是"图案"填充类型的参数面板。"图案"填充用于设置填充图案以及相关的填充参数，其控制面板参数如图 4-35 所示。

图 4-35　"图案"填充类型控制面板

(2)　"边界"选项组中的"拾取点"和"选择"用来选择和确定填充区域，可通过"图案"选项组选择填充的图案类型。通过"特性"选项组中的"图案填充颜色"按钮设置填充的图案颜色，通过"图案填充颜色"按钮下侧的"背景色"按钮设置填充图案的背景色，通过"角度"按钮设置填充图案的旋转角度，通过"角度"按钮下侧的"填充图案比例"按钮设置填充图案的缩放比例。图案填充设置界面如图 4-36 所示。

图 4-36　图案填充设置界面

(3)　设置"实体"填充类型。在弹出的"图案填充创建"选项卡中默认的显示界面就是"实体"图案填充类型的参数面板，如图 4-37 所示。

"实体"图案填充主要用于填充实体颜色块。"边界"选项组中的"拾取点"填充是针对插入块而言的，定义后就能确定插入块的位置。"选择"(即边界填充)是通过对所填充区域的周围边界予以选择确认而进行的图案填充方法。"图案"选项组用来选择填充的图案类型。在"特性"选项组中，图案填充颜色为 AutoCAD 系统默认的 ByLayer 白色类型。

(4)　设置"渐变色"填充类型。使用"渐变色"可以对填充区域进行渐变色填充，从该选项卡提供的渐变类型中选择要使用的一种渐变，既可以使用当前参数设置填充，也可以通过其他项对渐变填充进行调整设置。其控制面板参数如图 4-38 所示。在"渐变色"填充的控制面板中，"边界"选项组的选取样式分为"拾取点"和"选择"两种。"图案"选项组里系统默认的有 9 种渐变色的填充样例，如图 4-39 所示。

图 4-37　"实体"填充类型控制面板

图 4-38　"渐变色"填充类型控制面板

图 4-39　"渐变色"填充样例

在"特性"选项组中，渐变色分为单色填充和双色填充。当以一种颜色填充时，可利用位于"渐变色 1"右侧的"渐变色角度"按钮对渐变颜色的变化角度进行调整。如果没有调整"渐变色角度"滑动框，渐变填充将朝左上方变化。可创建出光源在对象左边的图案，还可以用"渐变色角度"下方的"渐变明暗"滑动框调整所填充颜色的浓淡程度。

(5) 设置"用户定义"填充类型。在 AutoCAD 2022 的图案填充操作中，除了使用提供的预定义填充图案外，还可以调用并创建自己定义的填充图案，如图 4-40 所示。

AutoCAD 2022 基础与室内设计教程(全视频微课版)

图 4-40　"用户定义"填充类型控制面板

### 3. 孤岛检测

孤岛是指在大的填充区域内不被填充的一个或多个区域。在弹出的"图案填充创建"选项卡中单击"选项"选项组右下角位置的"图案填充设置"按钮，弹出"图案填充和渐变色"对话框，如图 4-41 所示。单击右下侧位置的"更多项"箭头按钮，弹出孤岛的参数面板，如图 4-42 所示。

图 4-41　"图案填充和渐变色"对话框

1)　"孤岛"选项组

"孤岛检测"复选框：用于指定是否把内部对象包括为边界对象，其显示样式分为三种基本类型。

①　普通：遵循偶数次重叠区域不填充的规律。

②　外部：由外向内当探测到第二条边界时停止填充。

③　忽略：所有边界都填充。

2)　"边界保留"选项组

"对象类型"下拉列表框中包括"多段线"和"面域"两个选项，用于指定边界的保存形式。

3)　"边界集"选项组

"边界集"选项组用于指定进行边界分析的范围。其默认项为当前视口，即在定义边界时，AutoCAD 2022 分析所有在当前视口中可见的对象。

118

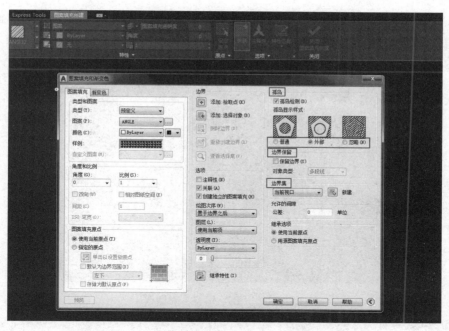

图 4-42　"孤岛""边界保留""边界集"选项组

**小结：** 在设置图案填充时，要熟知图案填充的类型，要理解每种图案填充控制面板的常用参数，要了解孤岛检测控制面板的参数，以达到在实际图纸操作中心中有数、操作熟练的目的。

## 4.2.3　编辑填充图案

### 1. 利用对话框编辑填充图案

(1) 在图形界面中创建任意矩形，单击"图案填充"按钮或者使用快捷键"H+空格"，弹出"图案填充创建"选项卡。在选项卡中设置已填充图案的"样式""颜色""图案填充颜色""角度""比例"等信息，如图 4-43 所示。

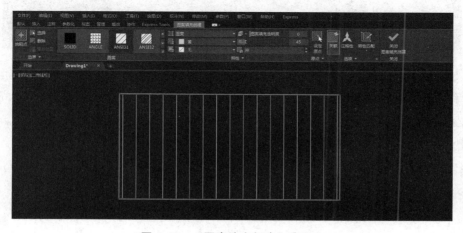

图 4-43　"图案填充创建"选项卡

(2) 用鼠标双击已填充的图案样例，弹出"图案填充"对话框，从中设置相应的参数，如图 4-44 所示。还可以通过使用快捷键"MO+空格"调出"特性"对话框，从中对填充图案的参数进行相应的设置，如图 4-45 所示。

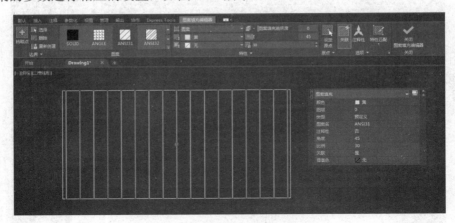

图 4-44　"图案填充"对话框

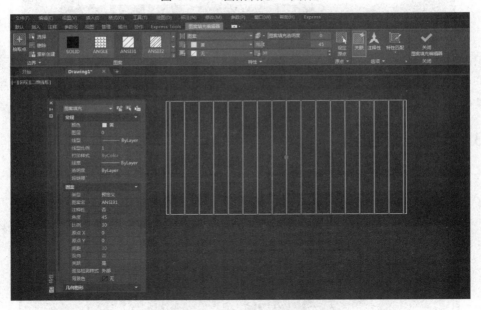

图 4-45　"特性"对话框

### 2. 利用夹点功能编辑填充图案

利用夹点功能也可以编辑填充的图案。当填充的图案是关联填充时，通过夹点功能改变填充边界后，AutoCAD 会根据边界的新位置重新生成填充图案。

> **小结：**对填充的图案进行编辑时，可以通过单击已经填充的图案样例，在弹出的"图案填充创建"选项卡中进行相应的设置。还可以用鼠标双击已经填充的图案样例，在弹出的"图案填充"对话框中进行相应的设置。

## 4.2.4　图案填充的操作

### 1. 图案填充案例的项目背景

打开随书资源中的文件"第 4 章　次卧室填充案例",选择室内设计图纸的次卧室作为图案填充的背景图纸。在次卧室的图纸构成中,显示次卧室空间的原始结构图和平面布置图样式,如图 4-46 所示。

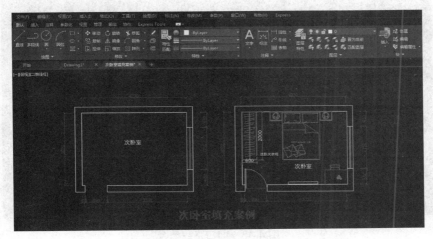

图 4-46　次卧室图纸构成

根据项目的实际情况,次卧室的地面要铺设实木复合地板,那就要求绘制一张地面材质铺贴图。在绘制图纸的过程中要用到 AutoCAD 2022 的"图案填充"命令,最终完成效果如图 4-47 所示。

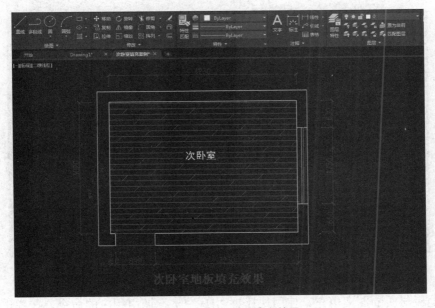

图 4-47　次卧室地板填充效果

**2. 图案填充案例的操作流程**

(1) 使用灰色实体线封闭空间。使用 AutoCAD 2022 的"直线"命令,对次卧室的入户门位置予以实体线闭合。把闭合的实体线颜色改为灰色样式即可,效果如图4-48所示。

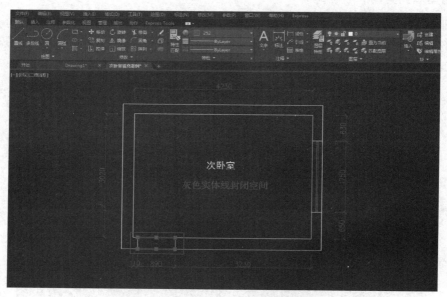

图4-48 门口直线闭合

(2) 对填充的材质类型予以文字说明。在实际项目中,次卧室、主卧室、客厅和餐厅等地面一般铺设实木复合地板,卫生间、厨房和阳台铺设地砖。文字标注效果如图4-49所示。(AutoCAD 2022文字标注的相关内容在后面的章节里会详细介绍。)

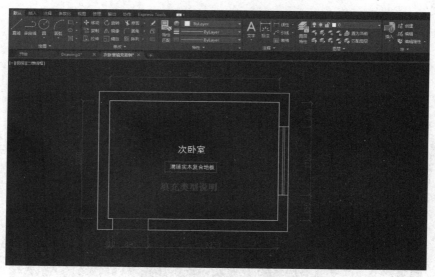

图4-49 填充类型文字说明

(3) 地板材质的图案填充。使用快捷键"H+空格"调用相应的命令,在弹出的"图案填充创建"选项卡中设置参数为"图案：DOLMIT""颜色：252""比例：20"，如图 4-50 所示。单击拾取次卧室任意空白位置，出现地板填充图案，如图 4-51 所示。拾取完成后用鼠标右击，在弹出的快捷菜单中选择"确定"命令。

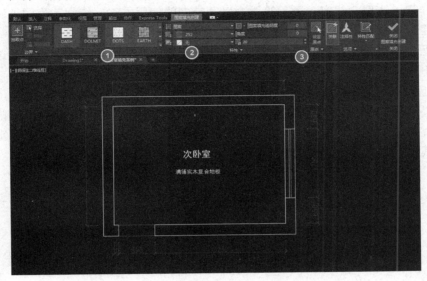

图 4-50　"图案填充创建"选项卡参数设置

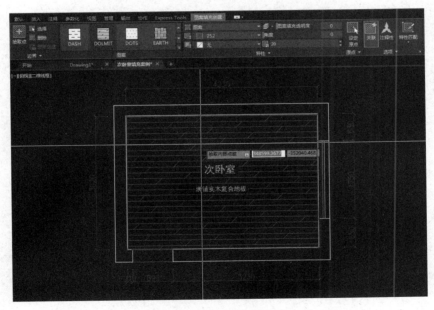

图 4-51　拾取空间内部点

**小结：** 在地面材质图纸的绘制过程中，要注意分为三个步骤来进行操作：首先用灰色实体线对每个空间区域予以间隔，然后用文字对每个空间的地面填充类型予以说明，最后执行图案填充操作即可。

# 本 章 小 结

本章介绍了线型、线宽、颜色等概念以及它们的使用方法。绘制工程图纸时要用到各种类型的线型，AutoCAD 2022 能够实现这样的要求。用 AutoCAD 绘出的图形一般没有反映出线宽信息，而是通过打印设置将不同的颜色设置成不同的输出线宽，即通过打印机或绘图仪输出到图纸上的图形是有线宽的。

本章还介绍了 AutoCAD 2022 的填充图案功能。当需要填充图案时，首先应该有对应的填充边界。可以看出，即使填充边界没有完全封闭，AutoCAD 也会将位于间隙设置内的非封闭边界看成封闭边界给予填充。此外，用户还可以方便地修改已填充的图案，根据已有图案及其设置填充其他区域(即继承特性)。

# 第5章
# 文字标注和尺寸标注

在 AutoCAD 中，文字标注和尺寸标注是两个不同的概念，尽管它们都涉及在图纸上添加信息以描述设计或构造的细节。文字标注主要用于添加说明性文本，如注释、说明或标签；尺寸标注则专门用于测量和表示对象之间的尺寸关系，如长度、宽度、高度、角度等。

AutoCAD 2022
的文字标注

# 5.1　AutoCAD 2022 的文字标注

日常生活中离不开文字的使用，在 AutoCAD 2022 的图纸绘制中文字的表达也是一个很重要的部分。在每张工程图纸中除了有表达对象形状的图形以外，还需要有必要的文字注释，例如标题栏、明细表、技术等级和材料要求等，这些都需要输入各种文字和字符以进行解释和标示。AutoCAD 2022 具有较好的文字处理功能，它不仅可以使图样中的文字符合各种制图标准，还可以自动生成各类数据表格。

## 5.1.1　AutoCAD 2022 的文本样式

AutoCAD 2022 图形中的所有文字都应具有与之相关联的文字样式。在输入文字时，用户是使用 AutoCAD 2022 提供的当前文字样式进行输入的，该样式已经设置了文字的字体、字号、倾斜角度、方向及其他特征，输入的文字将按照这些设置在屏幕上显示。当然，像其他的功能工具一样，AutoCAD 2022 允许用户设置自己需要的文字样式，并将其置为当前样式。

在输入文字之前，应该先创建一个或多个文字样式，用于输入不同特性的文字。输入的所有文字都称为文本对象，要修改文本对象的某一特性时，不需要逐个修改，对该文本的样式进行修改，就可以改变使用该样式书写的所有文本对象的特性。

### 1. 调出"文字样式"对话框

在菜单栏中单击"格式"菜单，在弹出的下拉菜单中选择"文字样式"命令，如图 5-1 所示。还可以通过使用快捷键"ST+空格"调出"文字样式"对话框。

图 5-1　选择"文字样式"命令

**2. "文字样式"对话框介绍**

"文字样式"对话框如图 5-2 所示。在此对话框中，"样式"列表框列有当前已定义的文字样式，用户可从中选择对应的样式作为当前样式或进行样式修改。"字体"选项组用于确定所采用的字体。"大小"选项组用于指定文字的高度。"效果"选项组用于设置字体的某些特征，如字的宽高比(即宽度比例)、倾斜角度、是否倒置显示、是否反向显示以及是否垂直显示等。左下侧的预览框用于预览所选择或所定义文字样式的标注效果。"新建"按钮用于创建新样式。"置为当前"按钮用于将选定的样式设为当前样式。"应用"按钮用于确认用户对文字样式的设置。单击"确定"按钮，关闭"文字样式"对话框。

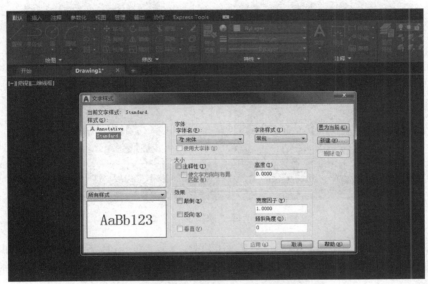

图 5-2　"文字样式"对话框

**小结**：在设置文字样式时，要取消选中"使用大字体"复选框，才能在"字体名"下拉列表框中选择日常用到的黑体、宋体、楷体等字体样式。

## 5.1.2　AutoCAD 2022 的文字标注样式

AutoCAD 2022 提供了两种文字标注方式：单行文字标注和多行文字标注。单行输入并不是用该命令每次只能输入一行文字，而是输入的文字，每一行单独作为一个实体对象来处理；多行输入就是不管输入几行文字，AutoCAD 2022 都把它作为一个实体对象来处理。

**1. 单行文字的标注**

单行文字的每一行就是一个单独的整体，不可分解，不能对其中的字符设置另外的格式。单行文字除了具有当前使用文字样式的特性外，还具有内容、位置、对齐方式、字高和旋转角度等特性。

(1) 在菜单栏中单击"绘图"菜单,在弹出的下拉菜单中选择"文字"→"单行文字"命令,如图 5-3 所示。也可以通过单击"默认"选项卡"注释"选项组中的"单行文字"按钮进行相应操作。

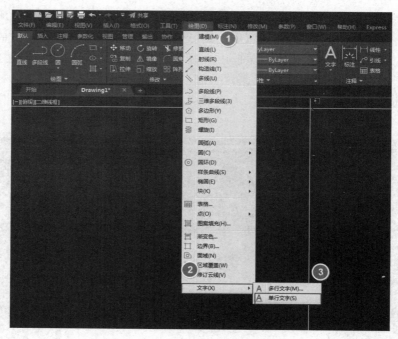

**图 5-3 选择"单行文字"命令**

(2) 命令提示行提示"TEXT 指定文字的起点 或 [对正(J) 样式(S)]",如图 5-4 所示。如果输入 J,可以用来指定文字的对齐方式;如果输入 S,则可以用来指定文字的当前输入样式。

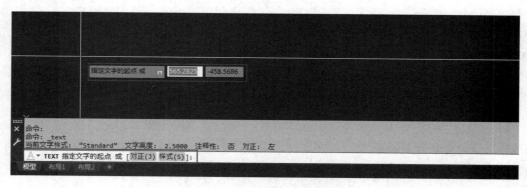

**图 5-4 指定文字起点**

(3) 指定文字的起点位置后,命令提示行提示"TEXT 指定高度",如图 5-5 所示。继续单击鼠标左键确定文字高度后,命令提示行提示"TEXT 指定文字的旋转角度",如图 5-6 所示,指定完成后就可以输入文本内容了。

图 5-5 指定单行文字高度

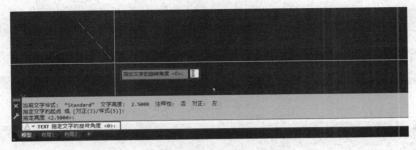

图 5-6 指定单行文字角度

## 2. 多行文字的标注

多行文字可以包含任意多个文本行和文本段落，并可以对其中的部分文字设置不同的文字格式。整个多行文字作为一个对象处理，其中的每一行不再为单独的对象。多行文字可以使用 Explode 命令进行分解，分解之后的每一行将重新作为单个的单行文字对象。多行文字标注用于输入内部格式比较复杂的多行文字。

(1) 在菜单栏中单击"绘图"菜单，在弹出的下拉菜单中选择"文字"→"多行文字"命令，如图 5-7 所示。还可以通过单击"默认"选项卡"注释"选项组中的"多行文字"按钮进行相应操作。

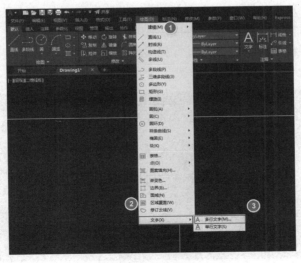

图 5-7 选择"多行文字"命令

(2) 命令提示行提示"MTEXT 指定第一角点",如图 5-8 所示。单击确定多行文字的起始位置后,命令提示行提示"MTEXT 指定对角点或[高度(H) 对正(J) 行距(L) 旋转(R) 样式(S) 宽度(W) 栏(C)]",如图 5-9 所示。

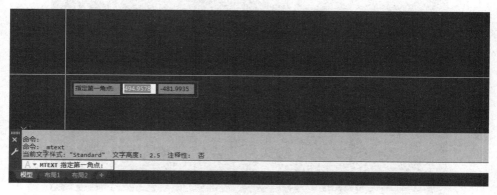

图 5-8  指定第一角点

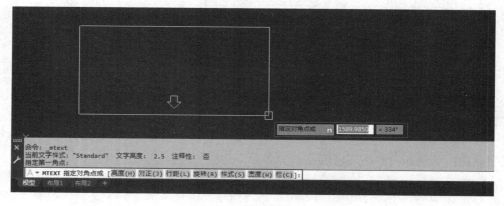

图 5-9  指定对角点

(3) 单击确认对角点位置后,弹出"文字编辑器"选项卡,如图 5-10 所示。"文字编辑器"由"样式""格式"等选项组组成,选项组中有一些下拉列表框、按钮等。用户可通过该编辑器输入要标注的文字,并进行相关标注设置。在水平标尺内就可以输入多行文字了。

图 5-10  "文字编辑器"选项卡

小结：在标注单行文字或者多行文字时，可以通过使用快捷键"DT+空格"和"T+空格"来操作。在绘制图纸的过程中，一般情况下采用多行文字来标注文字和样式，并且通过文字编辑器进行相应的参数设置。

## 5.1.3　AutoCAD 2022 的文本编辑

与其他对象一样，可以对文字对象进行移动、复制、旋转、删除、阵列、镜像等操作，也可以利用夹点对文字对象进行移动、旋转、比例变换及镜像等操作。文本编辑主要包含修改文字的内容和修改文字的特性两方面。

**1. 修改文字的内容**

文字内容的修改主要是修改文字对象或属性定义。比如修改文字的描述对象、大小、颜色、字体样式等方面。

(1) 在菜单栏中单击"修改"菜单，在弹出的下拉菜单中选择"对象"→"文字"→"编辑"命令，如图 5-11 所示。

图 5-11　选择"对象"→"文字"→"编辑"命令

(2) 命令提示行提示"TEXTEDIT 选择注释对象或 [放弃(U) 模式(M)]"，单击需要修改的文字对象即可，如图 5-12 所示。

(3) 标注文字时使用的标注方法不同，选择文字后 AutoCAD 2022 给出的响应也不相同。如果所选择的文字是单行标注的，选择文字对象后 AutoCAD 2022 会在该文字四周显示一个方框，在该方框内只能对文字内容进行修改，如图 5-13 所示。如果选择的文字是多行标注的，选择文字对象后 AutoCAD 2022 的功能区中将弹出"文字编辑器"选项卡，如图 5-14 所示，从中可以对所选文字进行较为全面的修改。

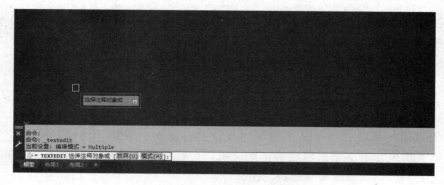

图 5-12　选择注释对象

图 5-13　单行标注修改显示

图 5-14　"文字编辑器"选项卡

**2. 修改文字的特性**

可以通过"特性"对话框修改文字对象的内容、通用特性(颜色、线型等)、插入点、样式、对齐方式等特性。

(1) 在菜单栏中单击"修改"菜单，在弹出的下拉菜单中选择"特性"命令，如图 5-15 所示。也可以通过使用快捷键 CH 调用"特性"对话框。

(2) 在弹出的"特性"对话框中，单击需要修改的文字对象即可。选择"单行文字"和"多行文字"后的对话框分别如图 5-16、图 5-17 所示。

图 5-15　选择"特性"命令

图 5-16　选择"单行文字"特性显示

图 5-17　选择"多行文字"特性显示

小结：在进行文字的内容修改时，可以使用快捷键"ED+空格"，然后根据内容提示选择需要修改的文字对象即可。在文字的"特性"对话框中，可以修改文字的线宽、文字样式、高度、行间距等内容。

## 5.1.4 AutoCAD 2022 的表格创建

在使用 AutoCAD 2022 的表格功能时，用户可以基于已有的表格样式，通过指定表格的相关参数(如行数、列数等)将表格插入图形中，也可以通过快捷菜单编辑表格。插入表格时，如果当前已有的表格样式不符合要求，应首先定义表格样式。

### 1. 创建表格

(1) 在菜单栏中单击"绘图"菜单，在弹出的下拉菜单中选择"表格"命令，如图 5-18 所示。也可以单击"默认"选项卡"注释"选项组中的"表格"按钮进行相应操作。

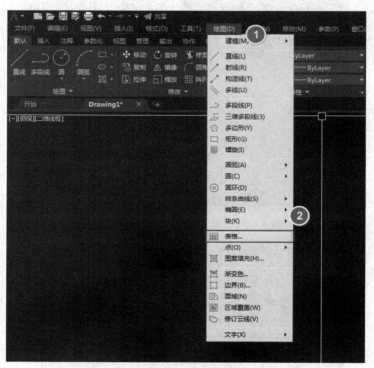

图 5-18 选择"表格"命令

(2) 在 AutoCAD 2022 的操作界面中弹出"插入表格"对话框，如图 5-19 所示。此对话框用于选择表格样式、设置表格的有关参数。

(3) 在对话框中确定表格数据后单击"确定"按钮，根据提示将表格插入图形中，弹出"文字编辑器"选项卡，并将表格中的第一个单元格醒目显示，如图 5-20 所示。此时就可以向表格中输入文字了。

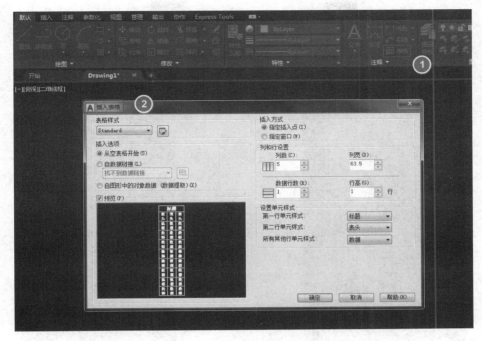

图 5-19　"插入表格"对话框

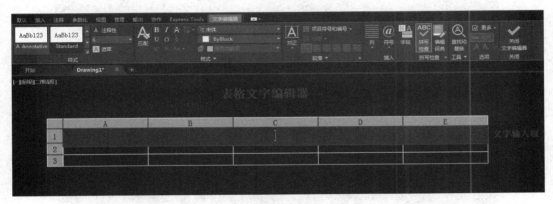

图 5-20　"文字编辑器"选项卡

### 2. 定义表格样式

(1) 在菜单栏中单击"格式"菜单,在弹出的下拉菜单中选择"表格样式"命令,如图 5-21 所示。

(2) 弹出"表格样式"对话框,如图 5-22 所示。其中,"样式"列表框列出了满足条件的表格样式;"预览"框中显示表格的预览图像;"置为当前"和"删除"按钮分别用于将在"样式"列表框中选中的表格样式置为当前样式、删除选中的表格样式;"新建"和"修改"按钮分别用于新建表格样式、修改已有的表格样式。

(3) 单击"新建"按钮,弹出"创建新的表格样式"对话框,如图 5-23 所示。在"基础样式"下拉列表框中选择基础样式,在"新样式名"文本框中输入新样式的名称。

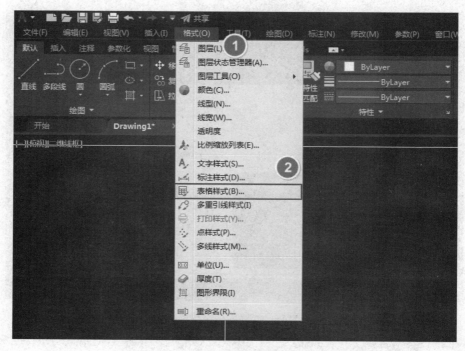

图 5-21 选择"表格样式"命令

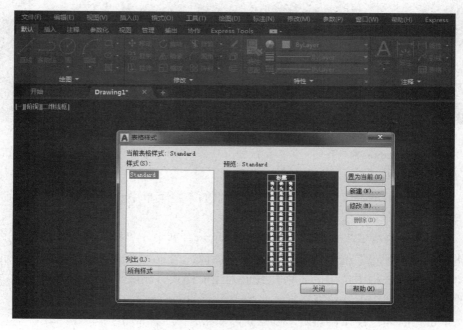

图 5-22 "表格样式"对话框

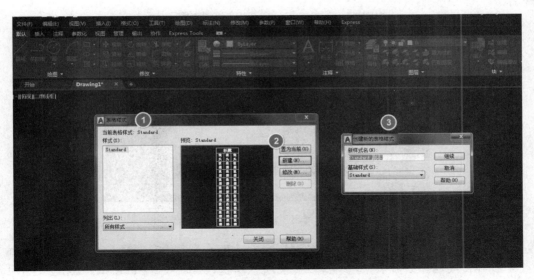

图 5-23　弹出"创建新的表格样式"对话框

(4) 在"创建新的表格样式"对话框中单击"继续"按钮,弹出"新建表格样式"对话框,如图 5-24 所示。可以通过"单元样式"下拉列表框确定要设置的对象,如图 5-25 所示。

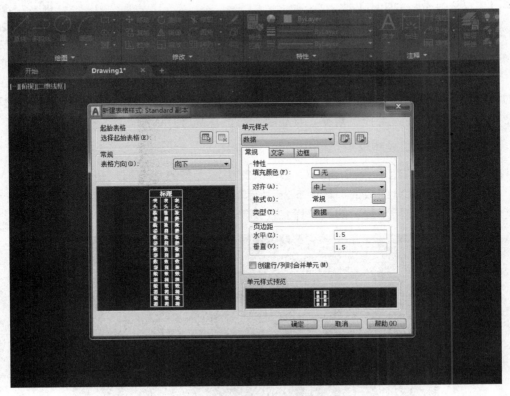

图 5-24　"新建表格样式"对话框

图 5-25　弹出"单元样式"下拉列表

小结：AutoCAD 2022 具有强大的制图功能，但是其表格功能相对较弱，而在实际工作中，往往需要制作各种表格，如工程数量表、工程数据表等。AutoCAD 2022 支持对象链接与嵌入，可以插入 Word 或者 Excel 表格。

# 5.2　AutoCAD 2022 的尺寸标注

## 5.2.1　尺寸标注的概念

AutoCAD 2022
的尺寸标注

尺寸标注是绘图设计工作中的一项重要内容，绘制图形的根本目的是反映对象的形状，而图形中各个对象的真实大小和相互位置只有经过尺寸标注后才能确定。AutoCAD 2022 包含了一套完整的尺寸标注命令和实用程序，可以轻松完成图纸中要求的尺寸标注。例如，使用 AutoCAD 2022 中的直径、半径、角度、线性、圆心标记等标注命令，可以对直径、半径、角度、直线及圆心位置等进行标注。

### 1. 尺寸标注的组成和规则

(1) 尺寸标注的组成。在 AutoCAD 2022 中，完整的尺寸标尺是由尺寸线、尺寸界线、箭头和文字四部分组成的，如图 5-26 所示。需要注意的是，在尺寸标注里箭头是一个广义的概念，也可以用斜线、圆点等样式代替箭头。

图 5-26　尺寸标注的组成

（2）尺寸标注的规则。在 AutoCAD 2022 中，对绘制的图形进行尺寸标注时应遵循以下规则。

① 物体真实大小以图样所标注的尺寸数值为依据，与图形大小及绘图准确度无关。

② 图样中的尺寸以毫米为单位时，不需要标注计量单位的代号或名称。

③ 图样中所标注的尺寸为该图样所表示的物体的最后完工尺寸，否则应另加说明。

④ 一般物体的每一尺寸只标注一次，并应标注在最后反映该结构最清晰的图形上。

**2. 尺寸标注的类型**

尺寸标注的类型如下所示。

（1）长度型尺寸标注：长度型、水平型、垂直型、旋转型、基线型、连续型、两点对齐型。

（2）角度型尺寸标注：标注角度尺寸。

（3）直径型尺寸标注：标注直径尺寸。

（4）半径型尺寸标注：标注半径尺寸。

（5）快速尺寸标注：成批快速标注尺寸。

（6）坐标型尺寸标注：标注相对于坐标原点的坐标。

（7）中心标记：标注圆或圆弧的中心标记。

（8）尺寸和形位公差标注。

小结：在 AutoCAD 中进行尺寸标注涉及多个步骤和技巧，主要包括基本尺寸标注、编辑和特殊标注。通过掌握这些基本步骤和技巧，可以在 AutoCAD 中有效地进行尺寸标注，从而提高制图效率和准确性。

# 5.2.2　创建与设置标注样式

在 AutoCAD 2022 中，使用标注样式可以控制标注的格式和外观，建立强制执行的绘图标准，并有利于对标注格式及用途进行修改。下面介绍新建标注样式的操作步骤和相关对话框中的选项卡。

（1）调用"标注样式"命令。在菜单栏中单击"格式"菜单，在弹出的下拉菜单中选择"标注样式"命令，如图 5-27 所示。

（2）"标注样式管理器"对话框组成。单击命令或使用快捷键后，弹出"标注样式管理器"对话框，如图 5-28 所示。也可以通过使用快捷键"D+空格"来调出"标注样式管理器"对话框。"样式"列表框用于列出已有标注样式的名称；"预览"框用于预览在"样式"列表框中所选中标注样式的标注效果；"置为当前"按钮把指定的标注样式置为当前样式；"修改"按钮用于修改已有标注样式。

（3）创建新标注样式。在"标注样式管理器"对话框中单击"新建"按钮，弹出"创建新标注样式"对话框，如图 5-29 所示。"新样式名"文本框用于指定新样式的名称；"基础样式"下拉列表框用于确定新样式的基础样式；"用于"下拉列表框用于确定新建标注样式的适用范围，在下拉列表中有"所有标注""线性标注""角度标注""半径标注""直径标注""坐标标注"和"引线和公差"等选项，分别用于使新样式适于对应的标注，如图 5-30 所示。

(4) 调出"新建标注样式"对话框。确定新样式名称和有关设置后单击"继续"按钮，弹出"新建标注样式"对话框，如图 5-31 所示。在该对话框中有"线""符号和箭头""文字""调整""主单位""换算单位"和"公差"选项卡，下面将依次介绍其作用。

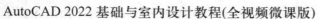
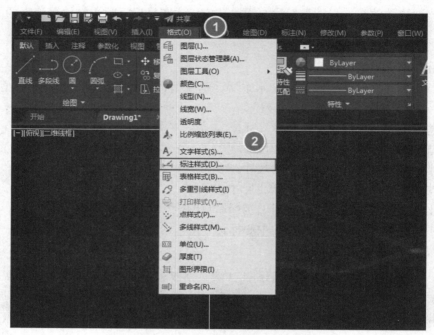

图 5-27 选择"标注样式"命令

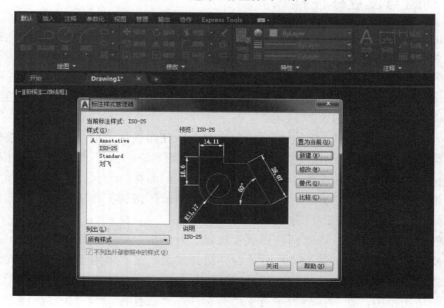

图 5-28 "标注样式管理器"对话框

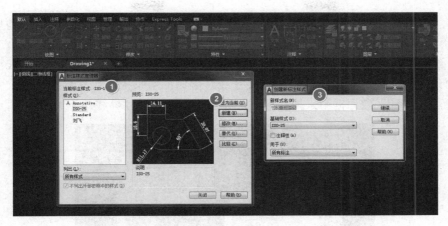

图 5-29　"创建新标注样式"对话框

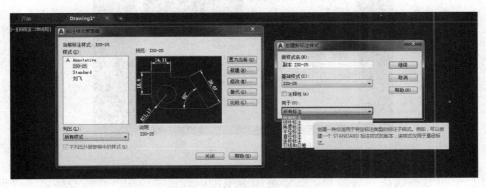

图 5-30　弹出"用于"下拉列表

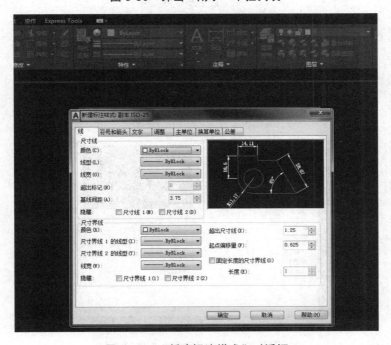

图 5-31　"新建标注样式"对话框

① "线"选项卡。在"线"选项卡中可以设置尺寸线和尺寸界线的格式与属性，如图 5-32 所示。"超出标记"微调框用来控制在使用倾斜、建筑标记、积分箭头或无箭头时，尺寸线延长到尺寸界线外面的长度；"基线间距"微调框用来控制使用基线型尺寸标注时，两条尺寸线之间的距离；"超出尺寸线"微调框用来控制尺寸界线超出尺寸线的长度；"起点偏移量"微调框用来控制标注的起点位置距离尺寸界线最下侧的距离。

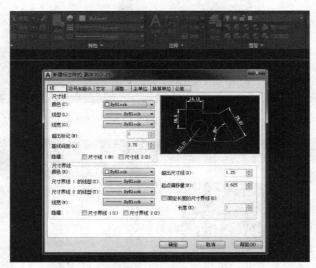

图 5-32 "线"选项卡

② "符号和箭头"选项卡。在该选项卡中可以设置"箭头""圆心标记""折断标注""弧长符号""半径折弯标注""线性折弯标注"这些选项组中的参数，如图 5-33 所示。

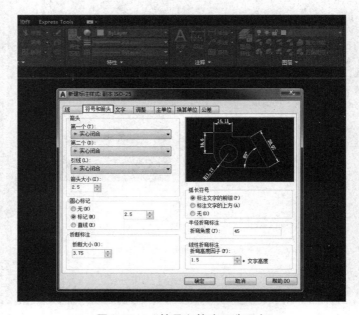

图 5-33 "符号和箭头"选项卡

③ "文字"选项卡。使用"文字"选项卡可以设置尺寸文字的外观、位置以及对齐方式等，如图 5-34 所示。"文字外观"选项组用来设置尺寸文字的样式等；"文字位置"选项组用来设置尺寸文字的位置；"文字对齐"选项组用来确定尺寸文字的对齐方式。

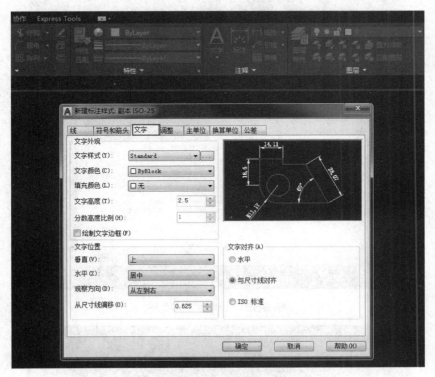

图 5-34　"文字"选项卡

④ "调整"选项卡。此选项卡用于控制尺寸文字、尺寸线以及尺寸箭头等的位置，如图 5-35 所示。"调整选项"选项组用来确定当尺寸界线之间没有足够的空间同时放置尺寸文字和箭头时，应首先从尺寸界线之间移出尺寸文字和箭头的哪一部分；"文字位置"选项组用来确定当尺寸文字不在默认位置时，应将其放在何处；"标注特征比例"选项组用来设置所标注尺寸的缩放关系；"优化"选项组用来设置标注尺寸时是否进行附加调整。

⑤ "主单位"选项卡。此选项卡用于设置主单位的格式、精度以及尺寸文字的前缀和后缀，如图 5-36 所示。"线性标注"选项组用于设置线性标注的格式与精度；"角度标注"选项组用于确定标注角度尺寸时的单位、精度以及是否消零。

⑥ "换算单位"选项卡。此选项卡主要用于确定是否使用换算单位以及换算单位的格式，如图 5-37 所示。"显示换算单位"复选框用于确定是否在标注的尺寸中显示换算单位；"换算单位"选项组用来确定换算单位的单位格式、精度等；"消零"选项组用来确定是否消除换算单位的前导或后续零；"位置"选项组用来确定换算单位的位置。

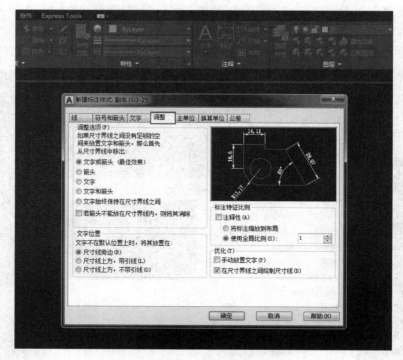

图 5-35　"调整"选项卡

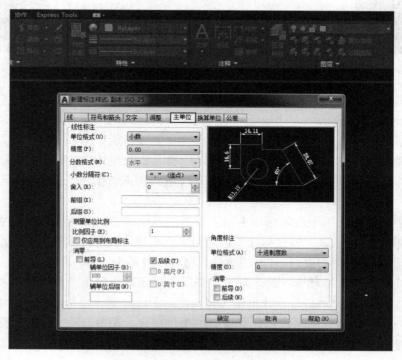

图 5-36　"主单位"选项卡

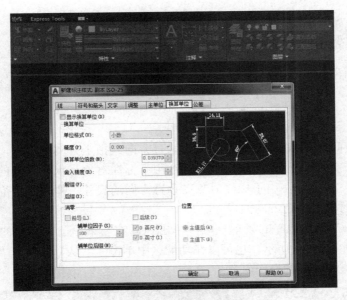

图 5-37　"换算单位"选项卡

　　⑦ "公差"选项卡。使用"公差"选项卡设置是否标注公差，以及以何种方式进行标注。这里设置的公差，在标注时所有尺寸都会使用该公差值，因此实用性不强，除非只有一个尺寸，如图 5-38 所示。"公差格式"选项组用来确定公差的标注格式；"换算单位公差"选项组用来确定当标注换算单位时，换算单位公差的精度与是否消零。

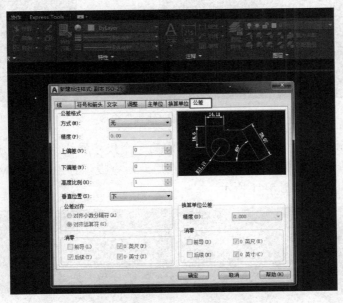

图 5-38　"公差"选项卡

　　小结：在设置"新建标注样式"对话框中的七个选项卡时，注意各个选项卡中重要参数的含义和作用。在绘制图纸的过程中，"线""符号和箭头""文字"和"主单位"四个选项卡是经常用到的，注意其相应的参数设置。

### 5.2.3 尺寸标注的类型

本小节将介绍 AutoCAD 2022 中尺寸标注的类型，如线性标注、对齐标注、角度标注等。

**1. 线性标注**

线性标注指标注图形对象在水平方向、垂直方向或指定方向的尺寸，其又分为水平标注、垂直标注和旋转标注三种类型。水平标注用于标注对象在水平方向的尺寸，即尺寸线沿水平方向放置；垂直标注用于标注对象在垂直方向的尺寸，即尺寸线沿垂直方向放置；旋转标注则标注对象沿指定方向的尺寸。

(1) 在 AutoCAD 2022 的菜单栏中，单击"标注"菜单，在弹出的下拉菜单中选择"线性"命令，如图 5-39 所示。也可以在功能区中单击"默认"选项卡"注释"选项组中的"线性"按钮进行相应的操作。

图 5-39 选择"线性"命令

(2) 命令提示行提示"DIMLINEAR 指定第一个尺寸界线原点或 <选择对象>"，如图 5-40 所示。单击确定第一个尺寸界线原点后，命令提示行提示"DIMLINEAR 指定第二条尺寸界线原点"，如图 5-41 所示。

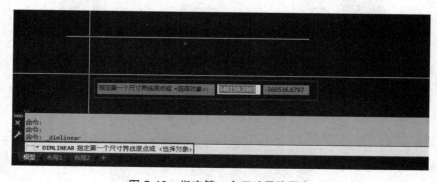

图 5-40 指定第一个尺寸界线原点

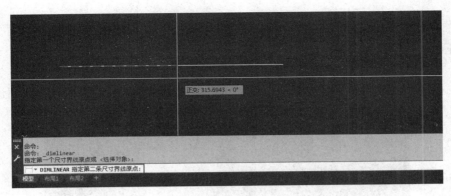

图 5-41 指定第二条尺寸界线原点

(3) 指定第二条尺寸界线原点后，拖动鼠标指针向上下侧位置移动，命令提示行提示"指定尺寸线位置或 DIMLINEAR [多行文字(M) 文字(T) 角度(A) 水平(H) 垂直(V) 旋转(R)]"，如图 5-42 所示。单击确认尺寸线位置后，效果如图 5-43 所示。

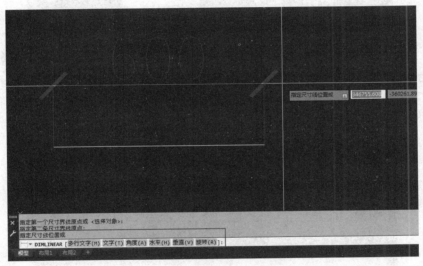

图 5-42 指定尺寸线位置

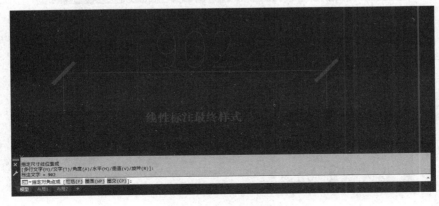

图 5-43 线性标注样式

## 2．对齐标注

对齐标注是指所标注尺寸的尺寸线与两条尺寸界线起始点间的连线平行。

（1）在菜单栏中单击"标注"菜单，在弹出的下拉菜单中选择"对齐"命令，如图 5-44 所示。也可以在功能区中单击"默认"选项卡"注释"选项组中的"对齐"按钮进行相应的操作。

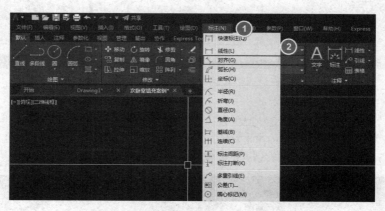

图 5-44　选择"对齐"命令

（2）命令提示行提示"DIMALIGNED 指定第一个尺寸界线原点或 <选择对象>"，如图 5-45 所示。单击确定第一个原点位置后，命令提示行提示"DIMALIGNED 指定第二条尺寸界线原点"，如图 5-46 所示。

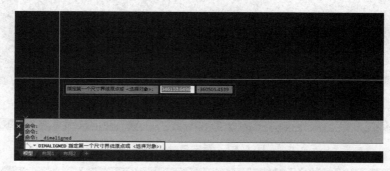

图 5-45　指定第一个尺寸界线原点

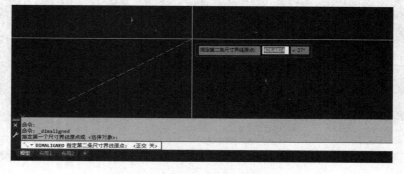

图 5-46　指定第二条尺寸界线原点

（3）单击确定第二条尺寸界线原点位置后，命令提示行提示"DIMALIGNED [多行文字(M) 文字(T) 角度(A)]"，如图 5-47 所示。单击确认尺寸线位置后，对齐标注就绘制完成了，如图 5-48 所示。

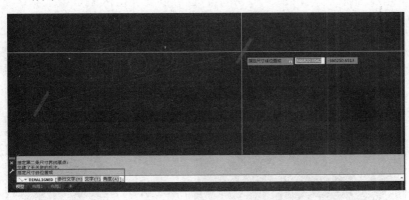

图 5-47　指定尺寸线位置

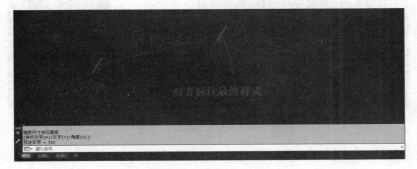

图 5-48　对齐标注效果

线性标注是对垂直或者水平的直线进行标注的标注样式，对齐标注是对所有角度的直线进行标注的标注样式，所以线性标注是对齐标注的一种特殊样式。线性标注和对齐标注的区别如图 5-49 所示。

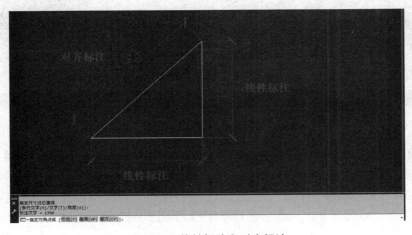

图 5-49　线性标注和对齐标注

### 3. 角度标注

(1) 角度标注是用来标注角度尺寸的。在菜单栏中单击"标注"菜单，在弹出的下拉菜单中选择"角度"命令，如图 5-50 所示。也可以在功能区中单击"默认"选项卡"注释"选项组中的"角度"按钮。

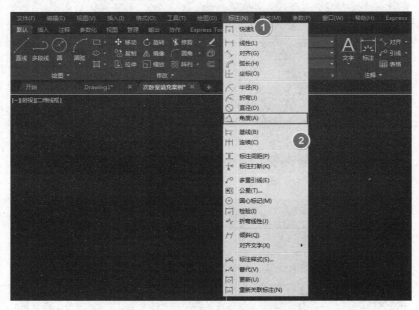

图 5-50　选择"角度"命令

(2) 命令提示行提示"DIMANGULAR 选择圆弧、圆、直线或 <指定顶点>"，如图 5-51 所示。单击选择需要标注的图形(标注的图形不一样，命令行提示也不一样)后，根据提示进行下一步的操作即可。

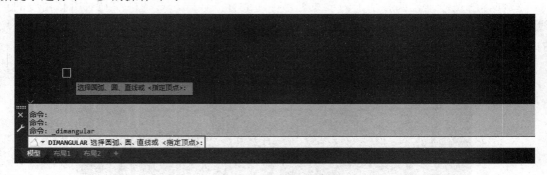

图 5-51　选择操作对象

在命令行提示项中，"标注圆上某段圆弧的包含角"项用于标注圆上某段圆弧的包含角；"标注圆弧的包含角"项用于标注圆弧的包含角尺寸；"不平行直线之间的夹角"项用于标注两条直线之间的夹角；"根据三个点标注角度"项根据给定的三点标注出角度。"圆""圆弧""直线"和"三点"最终标注效果如图 5-52 所示。

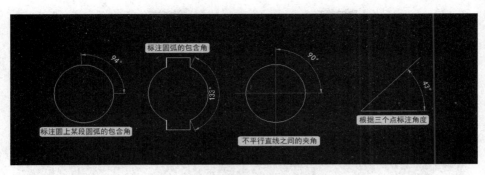

图 5-52　图形的角度标注类型

### 4. 直径标注

直径标注为圆或圆弧标注直径尺寸。

(1) 在菜单栏中单击"标注"菜单，在弹出的下拉菜单中选择"直径"命令，如图 5-53 所示。也可以在功能区中单击"默认"选项卡"注释"选项组中的"直径"按钮进行相应操作。

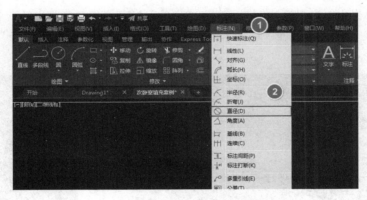

图 5-53　选择"直径"命令

(2) 命令提示行提示"DIMDIAMETER 选择圆弧或圆"，如图 5-54 所示。单击需要标注直径的圆或者圆弧后，命令提示行提示"DIMDIAMETER 指定尺寸线位置或 [多行文字(M) 文字(T) 角度(A)]"，根据命令行提示单击确认尺寸线位置即可，如图 5-55 所示。

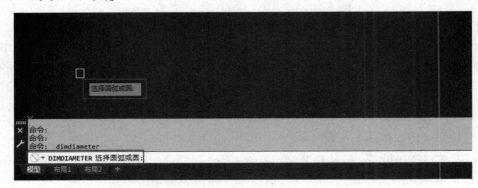

图 5-54　选择圆弧或圆

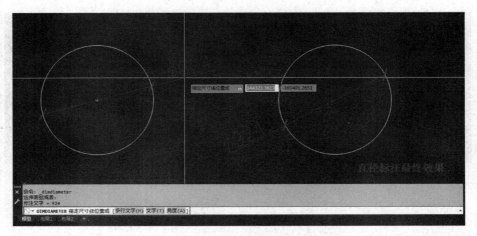

图 5-55　直径标注最终样式

### 5. 半径标注

半径标注为圆或圆弧标注半径尺寸。

(1)　在菜单栏中单击"标注"菜单，在弹出的下拉菜单中选择"半径"命令，如图 5-56 所示。也可以在功能区中单击"默认"选项卡"注释"选项组中的"半径"按钮进行相应操作。

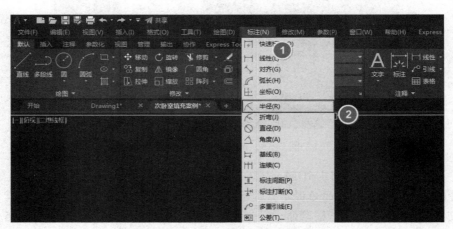

图 5-56　选择"半径"命令

(2)　命令提示行提示"DIMRADIUS 选择圆弧或圆"，如图 5-57 所示。单击需要标注半径的圆或者圆弧后，命令提示行提示"指定尺寸线位置或 [多行文字(M) /文字(T) /角度(A)]"，如图 5-58 所示。最终根据命令行提示单击确认尺寸线位置即可。

### 6. 弧长标注

弧长标注为圆弧标注长度尺寸。

(1)　在菜单栏中单击"标注"菜单，在弹出的下拉菜单中选择"弧长"命令，如图 5-59 所示。也可以在功能区中单击"默认"选项卡"注释"选项组中的"弧长"按钮进行相应的操作。

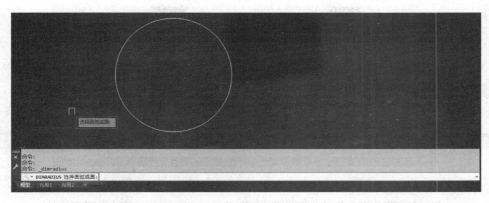

图 5-57　选择圆弧或圆

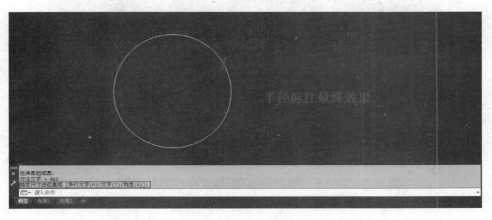

图 5-58　半径标注最终效果

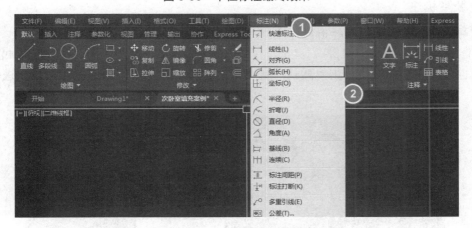

图 5-59　选择"弧长"命令

(2)　命令提示行提示"DIMARC 选择弧线段或多段线圆弧段"，如图 5-60 所示。单击需要标注弧长的图形后，命令提示行提示"指定弧长标注位置或 [多行文字(M)/文字(T)/角度(A) /部分(P) /引线(L)]"，如图 5-61 所示。最终根据命令行提示单击确认弧长标注的位置即可。

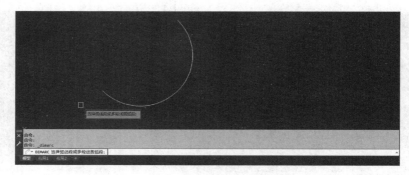

图 5-60　选择操作对象

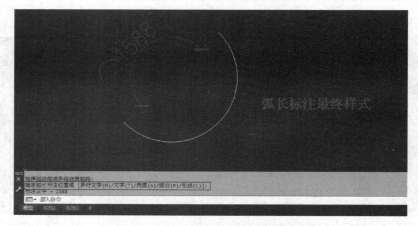

图 5-61　指定弧长标注位置

### 7. 折弯标注

折弯标注为圆或圆弧创建折弯标注。

(1) 在菜单栏中单击"标注"菜单,在弹出的下拉菜单中选择"折弯"命令,如图 5-62 所示。也可以在功能区中单击"默认"选项卡"注释"选项组中的"折弯"按钮进行相应操作。

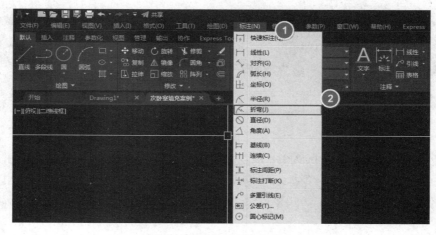

图 5-62　选择"折弯"命令

(2)　命令提示行提示"DIMJOGGED 选择圆弧或圆",如图 5-63 所示。单击需要标注的图形后,命令提示行提示"DIMJOGGED 指定图示中心位置",如图 5-64 所示。

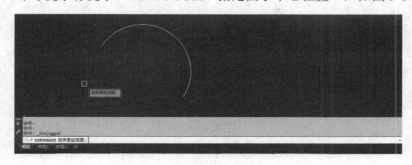

图 5-63　选择圆弧

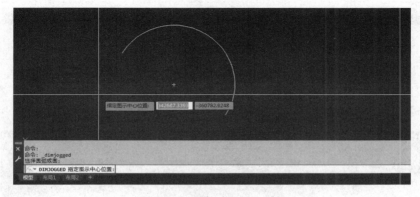

图 5-64　指定图示中心位置

(3)　用鼠标在任意位置指定图示位置后,命令提示行提示"DIMJOGGED 指定尺寸线位置或 [多行文字(M) 文字(T) 角度(A)]",如图 5-65 所示。单击确认尺寸线位置后,命令提示行提示"DIMJOGGED 指定折弯位置",如图 5-66 所示。

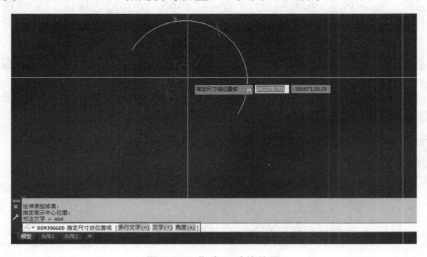

图 5-65　指定尺寸线位置

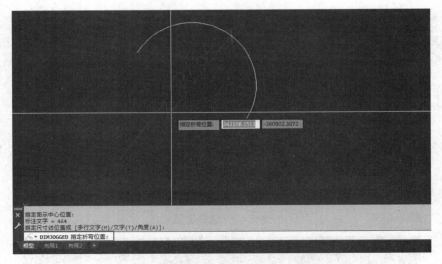

图 5-66　指定折弯位置

　　(4) 根据命令行提示指定折弯位置，至此折弯标注绘制完毕。该标注方式与半径标注方法基本相同，但需要指定一个位置代替圆或圆弧的圆心。在绘制完成的折弯标注图形中，"图示中点""尺寸线"和"折弯位置"具体标示如图 5-67 所示。

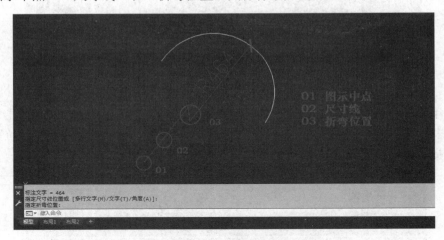

图 5-67　折弯标注组成

### 8. 连续标注

　　连续标注是指在标注出的尺寸中，相邻两尺寸线共用同一条尺寸界线。它可以创建一系列端对端放置的标注，每个连续标注都从前一个标注的第二个尺寸界线处开始，如图 5-68 所示。

　　(1) 制作连续标注的前提条件是在图形中至少存在一个线性标注样式，然后从线性标注的第二个尺寸界线开始进行连续标注。

　　(2) 创建线性标注样式。打开随书资源中的"第 5 章 连续标注案例"文件。首先用线性标注标注出第一段线的标注样式，如图 5-69 所示。

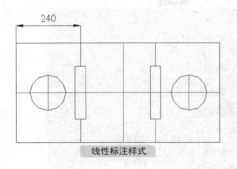
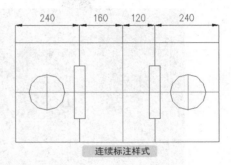

图 5-68　线性标注和连续标注

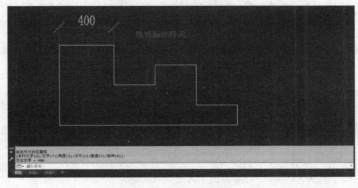

图 5-69　第一段线的线性标注

(3)　在菜单栏中单击"标注"菜单，在弹出的下拉菜单中选择"连续"命令，如图 5-70 所示。也可以在功能区中单击"注释"选项卡"标注"选项组中的"连续"按钮进行相应操作。

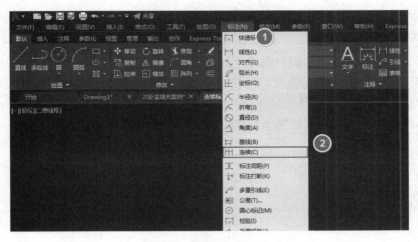

图 5-70　选择"连续"命令

(4)　命令提示行提示"DIMCONTINUE 指定第二个尺寸界线原点或 [选择(S) 放弃(U)]"，如图 5-71 所示。在此命令提示下，依次对需要标注的线段进行连续标注，最后按 Enter 键或者空格键。连续标注最终效果如图 5-72 所示。

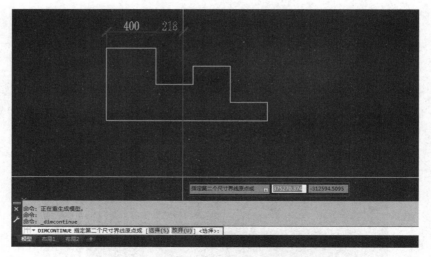

图 5-71　指定第二个尺寸界线原点

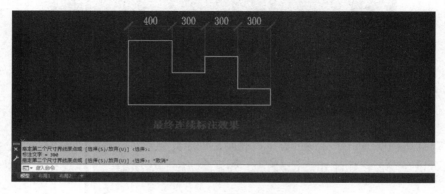

图 5-72　连续标注效果

### 9. 基线标注

基线标注是指各尺寸线从同一条尺寸界线处引出。

(1)　当以同一个面或线为基准，标注多个图形的位置或尺寸时，在先用 DLI(线性)标注、DAL(对齐)标注、DAN(角度)标注等标注完一个尺寸后，并以该标注为基准，再调用"基线"标注命令继续标注其他图形的位置或尺寸。效果如图 5-73 所示。

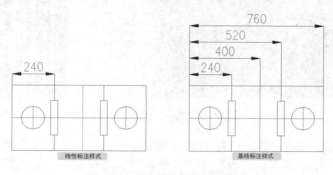

图 5-73　线性标注和基线标注

（2）　打开随书资源中的"第 5 章 连续标注案例"文件，用线性标注标注第一段线的标注样式。在菜单栏中单击"标注"菜单，在弹出的下拉菜单中选择"基线"命令，如图 5-74 所示。也可以在功能区中单击"注释"选项卡"标注"选项组中的"基线"按钮进行相应操作。

图 5-74　选择"基线"命令

（3）　命令提示行提示"DIMBASELINE 指定第二个尺寸界线原点或[选择(S) 放弃(U)]"，如图 5-75 所示。在此命令提示下，依次对需要标注的线段进行基线标注，最后按 Enter 键或空格键。基线标注最终效果如图 5-76 所示。

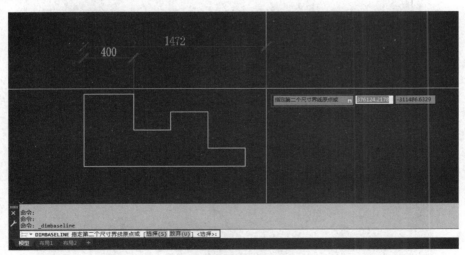

图 5-75　指定基线界线原点

## 10. 圆心标记

圆心标记为圆或圆弧的圆心标记中心十字线。

（1）　在菜单栏中单击"标注"菜单，在弹出的下拉菜单中选择"圆心标记"命令，如图 5-77 所示。也可以在功能区中单击"注释"选项卡"标注"选项组中的"圆心标记"按钮进行相应操作。

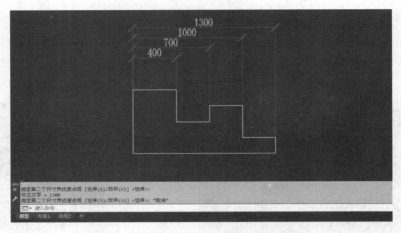

图 5-76　基线标注效果

图 5-77　选择"圆心标记"命令

(2) 命令提示行提示"DIMCENTER 选择圆弧或圆",如图 5-78 所示。单击选择需要圆心标记的图形。最终标记效果如图 5-79 所示。

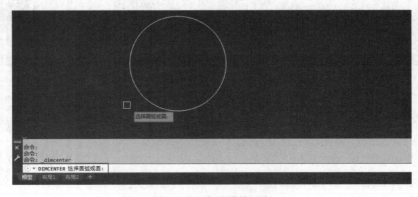

图 5-78　选择操作对象

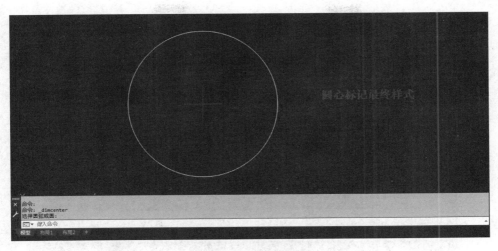

图 5-79  圆心标记效果

小结：在 AutoCAD 2022 中，尺寸标注是一个十分重要的知识点，同时也是初学者的一个难点。要熟练掌握尺寸标注，须详细了解每种类型尺寸标注的功能和作用，在此基础上掌握尺寸标注的步骤和知识要点。

## 5.2.4  引线标注的类型

在 AutoCAD 2022 中，引线标注包含快速引线标注和多重引线标注两种类型。利用"快速引线标注"命令可快速生成引线及注释。

### 1. 快速引线标注样式

在 AutoCAD 2022 默认系统中，"快速引线标注"命令没有对应的按钮和菜单，只能通过使用快捷键的方式进行调用和设置。

(1) 调用"引线设置"对话框。使用快捷键"LE+空格"，命令提示行提示"QLEADER 指定第一个引线点或 [设置(S)]"，如图 5-80 所示。单击鼠标右键，在弹出的快捷菜单中选择"设置"命令，弹出"引线设置"对话框，如图 5-81 所示。

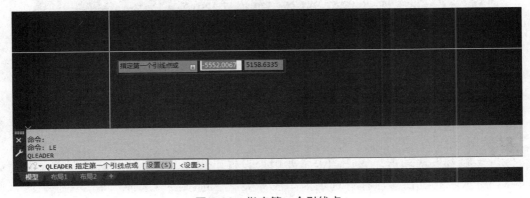

图 5-80  指定第一个引线点

图 5-81 "引线设置"对话框

(2) "引线设置"对话框可以用来创建引线和引线注释。在对话框中有"注释""引线和箭头""附着"三个选项卡。

① "注释"选项卡。"注释"选项卡用来设置引线注释类型,如图 5-82 所示。只有选定了多行文字注释类型时,"多行文字选项"选项组才可用。"重复使用注释"选项组用来设置重新使用的引线注释。

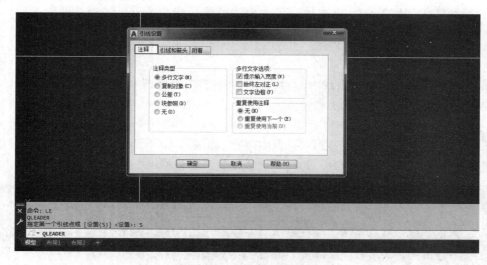

图 5-82 "注释"选项卡

② "引线和箭头"选项卡。该选项卡主要用于设置引线和箭头的样式等信息,如图 5-83 所示。

③ "附着"选项卡。该选项卡主要用来设置引线和多行文字注释的附着位置,如图 5-84 所示。只有在"注释"选项卡"注释类型"选项组中选择"多行文字"时,此选项卡才可用。

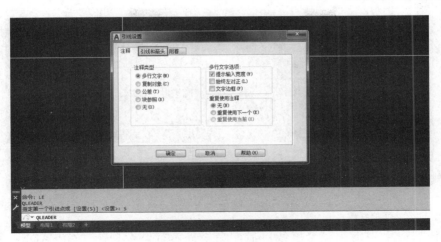

图 5-83 "引线和箭头"选项卡

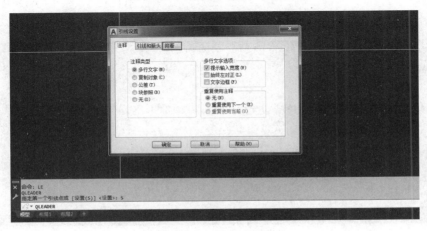

图 5-84 "附着"选项卡

## 2. 快速引线标注操作

(1) 打开 AutoCAD 2022,使用快捷键"LE+空格"调用"快速引线标注"命令,命令提示行提示"QLEADER 指定第一个引线点或 [设置(S)]",如图 5-85 所示。单击确定第一个引线点后,命令提示行提示"QLEADER 指定下一点",如图 5-86 所示。

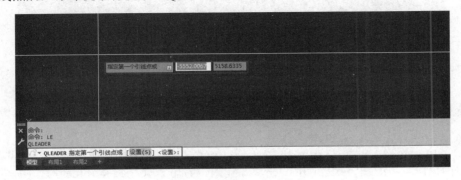

图 5-85 指定第一个引线点

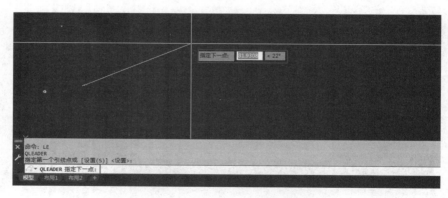

图 5-86　指定下一个引线点

（2）根据提示指定第二个引线点后，命令提示行继续提示"QLEADER 指定下一点"，如图 5-87 所示。单击确认第三个引线点，命令提示行提示"QLEADER 指定文字宽度"，如图 5-88 所示。

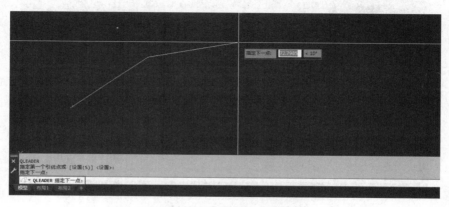

图 5-87　继续指定下一个引线点

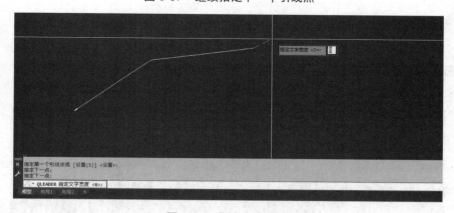

图 5-88　指定文字宽度

（3）单击确认文字的宽度后，命令提示行提示"QLEADER 输入注释文字的第一行<多行文字(M)>"，如图 5-89 所示。在动态输入位置输入文字后按 Enter 键，命令提示行提示"QLEADER 输入注释文字的下一行"，如图 5-90 所示。

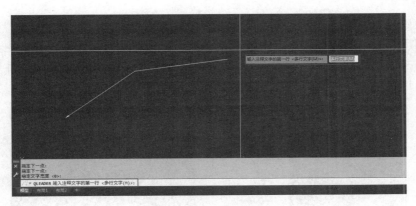

图 5-89　输入第一行文字

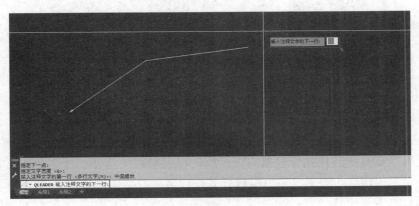

图 5-90　输入第二行文字

(4) 输入第二行文字后按 Enter 键，命令提示行继续提示"QLEADER 输入注释文字的下一行"，可以根据提示继续输入文字。输入完毕后按 Esc 键结束"引线"标注命令，如图 5-91 所示。如果需要修改已经注释的文字内容，双击文字内容，弹出"文字编辑器"选项卡，从中即可对输入的内容进行相应的设置。

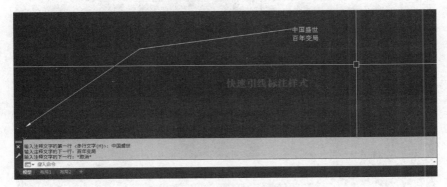

图 5-91　快速引线标注样式

### 3. 多重引线标注样式

多重引线标注样式可以控制多重引线外观，指定基线、引线、箭头和内容的格式，还可以创建、修改和删除多重引线样式。

(1) 调用"多重引线样式"命令。在菜单栏中单击"格式"菜单,在弹出的下拉菜单中选择"多重引线样式"命令,如图 5-92 所示。也可以在功能区中单击"注释"选项卡"引线"选项组中的"斜箭头"按钮进行相应操作。

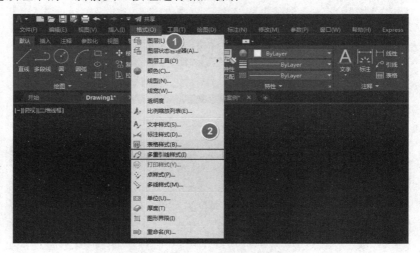

图 5-92 选择"多重引线样式"命令

(2) 调用"多重引线样式管理器"对话框。在菜单栏中选择上述命令或在功能区的选项组中单击相应按钮后,弹出"多重引线样式管理器"对话框,如图 5-93 所示。"样式"列表框用来显示多重引线列表,当前样式会被高亮显示;"列出"下拉列表框用来确定要在"样式"列表框中列出哪些多重引线样式;"预览"框主要用于预览在"样式"列表框中所选中的多重引线样式的标注预览效果;"置为当前"按钮主要将选中的多重引线样式设为当前样式;"新建"按钮主要用于创建新的多重引线样式。

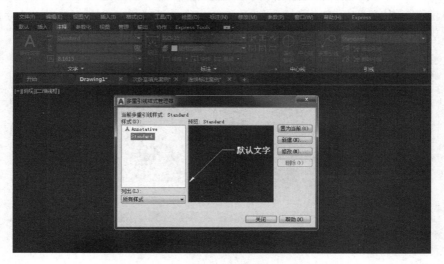

图 5-93 "多重引线样式管理器"对话框

(3) 创建新多重引线样式。单击"新建"按钮,弹出"创建新多重引线样式"对话框，如图 5-94 所示。用户可以通过对话框中的"新样式名"文本框指定新样式的名称；通过"基础样式"下拉列表框选择用于创建新样式的基础样式。

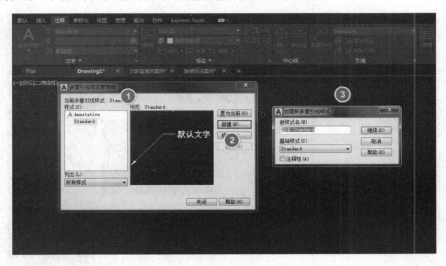

图 5-94 "创建新多重引线样式"对话框

(4) 修改多重引线样式。确定新样式名称和相关设置后，单击"继续"按钮，弹出"修改多重引线样式"对话框，如图 5-95 所示。该对话框中包含"引线格式""引线结构"和"内容"三个选项卡。

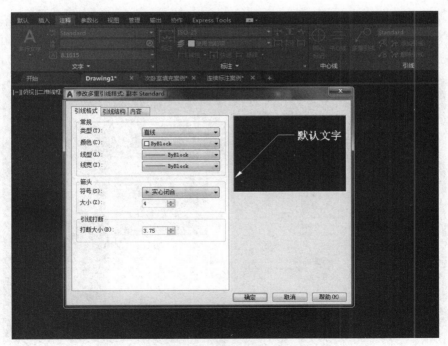

图 5-95 "修改多重引线样式"对话框

① "引线格式"选项卡。该选项卡主要用于设置引线的格式，如图 5-96 所示。"常

规"选项组用于设置引线的外观；"箭头"选项组用于设置箭头的样式与大小；"引线打断"选项组用于设置引线打断时的距离值。

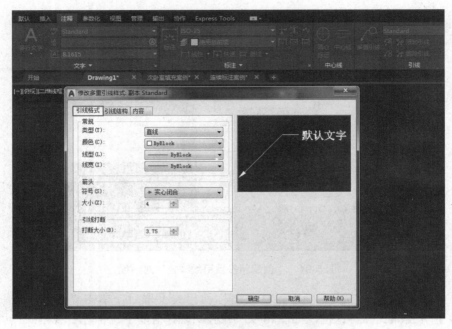

图 5-96　"引线格式"选项卡

②　"引线结构"选项卡。该选项卡主要用于设置引线的结构，如图 5-97 所示。"约束"选项组用于控制多重引线的结构；"基线设置"选项组用于设置多重引线中的基线；"比例"选项组用于设置多重引线标注的缩放关系。

图 5-97　"引线结构"选项卡

③　"内容"选项卡。该选项卡主要用于设置多重引线标注的内容，如图 5-98 所示。

"多重引线类型"下拉列表框用于设置多重引线标注的类型;"文字选项"选项组用于设置多重引线标注的文字内容;"引线连接"选项组用于设置标注出的对象沿水平或垂直方向相对于引线基线的位置。

图 5-98　"内容"选项卡

### 4. 多重引线标注操作

(1) 在菜单栏中单击"标注"菜单,在弹出的下拉菜单中选择"多重引线"命令,如图 5-99 所示。也可以在功能区中单击"默认"选项卡"注释"选项组中的"多重引线"按钮进行相应操作。

图 5-99　选择"多重引线"命令

(2) 命令提示行提示"MLEADER 指定引线箭头的位置或 [引线基线优先(L) 内容优

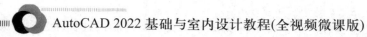

先(C) 选项(O)]", 如图 5-100 所示。在命令提示项中, "引线基线优先"和"内容优先"项分别用于确定将首先确定引线基线的位置还是标注内容; "选项"项用于多重引线标注的设置。

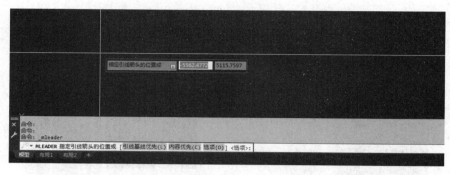

图 5-100　指定引线箭头的位置

(3)　单击确定引线箭头的位置后, 命令提示行提示"MLEADER 指定引线基线的位置", 如图 5-101 所示。拖动鼠标指针确定引线基线位置后, 命令提示行继续提示"MLEADER 指定引线基线的位置", 如图 5-102 所示。

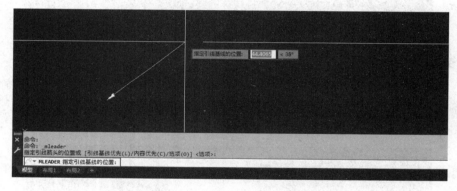

图 5-101　指定引线基线位置

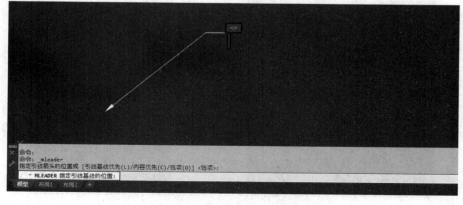

图 5-102　确认引线基线位置

(4)　第二次指定基线位置后, 在弹出的提示框内输入文本内容, 在操作界面的任意位置单击确认，最终效果如图 5-103 所示。如果需修改文本内容，双击文本，弹出"文字编辑器"选项卡，在选项卡内对文本内容进行相应的设置即可。

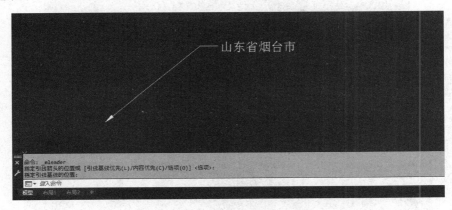

图 5-103　多重引线标注最终样式

**小结**：在绘制室内设计图纸的过程中，快速引线标注因为能够快速地对图形对象进行标注和注释，所以在实际的操作过程中使用得比较频繁。

## 5.2.5　编辑标注对象

### 1. 编辑标注

使用 DIMEDIT 或 DED 快捷键即可对已有标注进行编辑，按 Enter 键或空格键，弹出"输入标注编辑类型"列表框，如图 5-104 所示。"默认(H)"项用于按默认位置和方向放置尺寸文字；"新建(N)"项用于修改尺寸文字；"旋转(R)"项可将尺寸文字旋转指定的角度；"倾斜(O)"项可使非角度标注的尺寸界线旋转一定的角度。

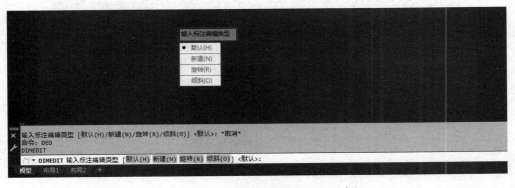

图 5-104　"输入标注编辑类型"列表框

### 2. 编辑标注文字

(1) 编辑文字内容。使用快捷键"ED+空格"调用相应命令，命令提示行提示"TEXTEDIT 选择注释对象或 [放弃(U) 模式(M)]"，如图 5-105 所示。双击需要修改的文字对象，弹出"文字编辑器"选项卡，从中可对文字对象的属性进行相应的修改，如

图 5-106 所示。

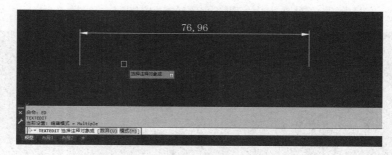

**图 5-105　选择编辑对象**

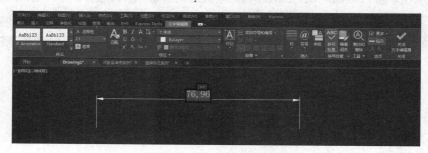

**图 5-106　"文字编辑器"选项卡**

(2)　编辑文字位置。使用快捷键"DIMTEDIT+空格",命令提示行提示"DIMTEDIT 选择标注"后选择需要修改的文字即可,如图 5-107 所示。还可以单击菜单栏中的"标注"菜单,在弹出的下拉菜单中选择"对齐文字"命令,利用"对齐文字"命令的子命令对文字位置进行编辑。

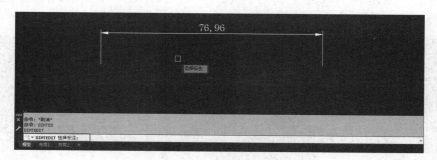

**图 5-107　选择标注文字**

### 3. 替代标注、更新标注和重新关联标注

(1)　替代标注。在菜单栏中单击"标注"菜单,在弹出的下拉菜单中选择"替代"命令,如图 5-108 所示。也可以在功能区中单击"注释"选项卡"标注"选项组中的"替代"按钮进行相应操作。

通常情况下,尺寸标注和标注样式是关联的,当标注样式修改后,尺寸标注会自动更新。如果要对新尺寸标注采用一些特殊设置,则可以创建替代标注样式,再进行标注。这样即使改变了标注样式,采用替代标注样式的尺寸样式也不会随之改变。

图 5-108　选择"替代"命令

（2）更新标注。在菜单栏中单击"标注"菜单，在弹出的下拉菜单中选择"更新"命令，如图 5-109 所示。也可以在功能区中单击"注释"选项卡"标注"选项组中的"更新"按钮更新标注。

图 5-109　选择"更新"命令

（3）重新关联标注。在菜单栏中单击"标注"菜单，在弹出的下拉菜单中选择"重新关联标注"命令，如图 5-110 所示。也可以在功能区中单击"注释"选项卡"标注"选项组中的"重新关联"按钮进行相应操作。

尺寸关联是指所标注尺寸与被标注对象有关联关系。如果标注的尺寸值是按自动测量

AutoCAD 2022 基础与室内设计教程(全视频微课版)

值标注，且尺寸标注是按尺寸关联模式标注的，那么改变被标注对象的大小后，相应的标注尺寸也将发生改变。

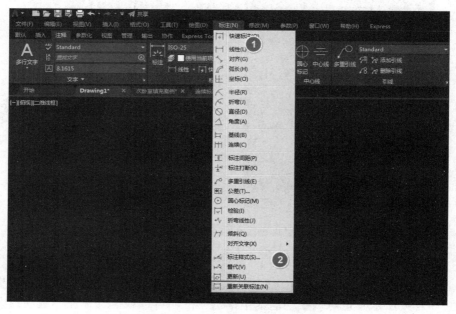

**图 5-110　选择"重新关联标注"命令**

> **小结：** 在绘制图形的过程中，经常会遇到需要修改标注样式或者文字内容的情况，可以通过快捷键或者工具按钮来进行修改，也可以通过"标注样式管理器"对话框对其进行修改。修改的过程中，可以通过"替代"和"重新关联标注"对修改的内容进行实时的观察和操作。

# 本 章 小 结

本章介绍了 AutoCAD 2022 的标注文字功能、表格功能和标注尺寸功能。

文字是工程制图中必不可少的内容。AutoCAD 2022 提供了用于标注文字的 DTEXT 命令和 MTEXT 命令。MTEXT 命令引出的文字编辑器不仅可用于输入要标注的文字，而且可以方便地进行各种标注设置、插入特殊符号等。

利用 AutoCAD 2022 的表格功能，用户可以基于已有的表格样式，通过指定表格的相关参数(如行数、列数等)将表格插入图形，还可以编辑表格。

与标注文字一样，AutoCAD 提供的尺寸标注样式如果不满足图纸要求，那么在标注尺寸之前，应首先设置标注样式。AutoCAD 将尺寸标注分为线性标注、对齐标注、直径标注、半径标注、连续标注、基线标注和引线标注等多种类型。标注尺寸时，首先清楚要标注尺寸的类型，然后执行对应的命令，再根据提示操作即可。

# 第6章
# 图形控制、精确绘图与块

　　图形控制涉及多个方面，包括视图控制、图层管理、打印设置等，能够更好地控制和优化图形的显示、管理和打印输出。AutoCAD 软件提供多种工具和功能进行精确绘图，可以提高绘图的精确性和效率。块是一个或多个组合的对象，用于创建单个对象。块通常用于符号、零件、局部视图的复合对象。

AutoCAD 2022
的图形控制

# 6.1 AutoCAD 2022 的图形控制

## 6.1.1 AutoCAD 2022 的图形显示缩放

图形显示缩放是将 AutoCAD 2022 图形界面中的对象放大或缩小其视觉尺寸，它只是更改了视图的显示比例。就像用放大镜或缩小镜(如果有的话)观看图形一样，从而可以放大图形的局部细节，或缩小图形观看全貌。执行显示缩放后，对象的实际尺寸保持不变。在 AutoCAD 2022 的操作过程中，启动视图显示缩放的方法有以下几种。

### 1. 使用快捷键实现缩放

使用快捷键 ZOOM 或者 Z 调用相应命令，如图 6-1 所示。命令提示行提示"ZOOM [全部(A) 中心(C) 动态(D) 范围(E) 上一个(P) 比例(S) 窗口(W) 对象(O)]"，根据提示选择相应项并按 Enter 键或者空格键即可。

图 6-1　实现缩放的快捷命令

### 2. 使用菜单栏实现缩放

AutoCAD 2022 提供了用于实现缩放操作的菜单命令，利用它们可以快速执行缩放操作。在菜单栏中单击"视图"菜单，在弹出的下拉菜单中选择"缩放"命令，在其子菜单中显示了各种缩放类型的命令，如图 6-2 所示。

图 6-2　"缩放"子菜单中的命令

### 3. 使用导航栏中的命令实现缩放

单击界面右侧导航栏中"范围"按钮下侧的下拉箭头,在弹出的下拉菜单中选择相应的命令,如图 6-3 所示。

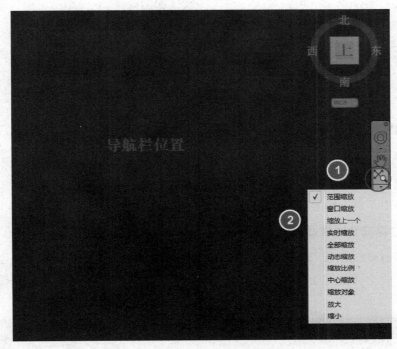

图 6-3　导航栏下拉菜单

下拉菜单中各个缩放命令的含义如下。

(1) 范围缩放:系统将尽可能多地显示当前绘图区域中的所有对象。与全部缩放模式不同的是,范围缩放使用的显示边界只是图形范围,而不是图形界限。

(2) 窗口缩放:如果要查看特定区域内的图形,可采用窗口缩放,即通过指定边界来放大显示区域。

(3) 缩放上一个:此项只显示在 ZOOM 命令的提示中和标准项目组中,"缩放"选项组中没有此项。

(4) 实时缩放:实时缩放是指通过向上或向下移动鼠标指针对视图进行动态的缩放。启动实时缩放模式,十字光标变成"x"形状后,按住鼠标左键上下拖动,即可放大或缩小视图。

(5) 全部缩放:系统将显示整个图形中的所有对象。在平面视图中,AutoCAD 将图形缩放到图形界限或当前图形范围两者中较大的区域。

(6) 动态缩放:进入动态缩放模式时,绘图区域中将出现颜色不同的线框,其中蓝色的虚线框表示图纸边界。

(7) 缩放比例:以一定的比例来缩放视图。它要求用户输入一个数字作为缩放的比例因子,该比例因子适用于整个图形。

(8) 中心缩放:在图形中指定一点,然后指定一个缩放比例因子或者指定高度值来显

示一个新视图，择的点作为该新视图的中心点。

(9) 缩放对象：选择该缩放模式时，命令提示行提示选择需要缩放的物体，单击此物体即可完成缩放操作。

(10) 放大：系统将整个视图放大 1 倍，即默认比例因子为 2。

(11) 缩小：系统将整个视图缩小为原来的 50%，即默认比例因子为 0.5。

> **小结**：使用 AutoCAD 2022 设计图纸时，缩放命令使用得非常频繁。在图纸绘制的过程中，因为要从图库中调用各种家具的 CAD 文件，所以可能造成图纸界面中 CAD 文件摆放比较乱，这时可以用缩放命令观察整张图纸以正确操作。

## 6.1.2 AutoCAD 2022 的图形显示移动

图形显示移动是指移动整个图形，就像是移动整个图纸以便使图纸的特定部分显示在绘图窗口。执行显示移动后，图形相对于图纸的实际位置并不发生变化。在编辑对象时，如果当前视口中不能全部显示图形，可以适当平移视图。

### 1. 使用快捷键实现移动

打开 AutoCAD 2022，输入"PAN"，按 Enter 键或者空格键，鼠标指针变成一只小手的样式，同时命令提示行提示"按 Esc 或 Enter 键退出，或单击右键显示快捷菜单"，如图 6-4 所示。

图 6-4 使用快捷键实现移动

### 2. 使用菜单栏实现移动

AutoCAD 2022 提供了用于实现移动操作的菜单命令。在菜单栏中单击"视图"菜单，在弹出的下拉菜单中选择"平移"命令，在子菜单中就会显示相应的移动模式，如图 6-5 所示。

"平移"子菜单中各项命令的含义如下。

(1) 实时：在该模式下，光标变成一只小手形状后，按住鼠标左键进行拖动，窗口内的图形就可以按光标移动的方向移动。

(2) 点：该模式通过指定基点和位移值来移动视图。

(3) 左/右/上/下：执行"视图"→"平移"→"左"命令，可使视图向左侧移动一定的距离；执行其他三个命令，可使视图向相应的方向移动固定的距离。

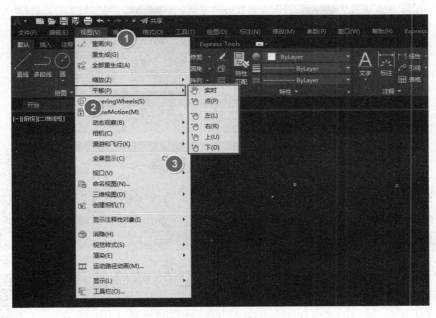

图 6-5　"平移"子菜单中的命令

### 3. 通过导航栏执行移动命令

单击导航栏中的"平移"按钮,如图 6-6 所示。此时向某一方向拖动鼠标指针,就会使图形向该方向移动;按 Esc 键或 Enter 键可结束"平移"命令;如果单击鼠标右键,会弹出快捷菜单,如图 6-7 所示。

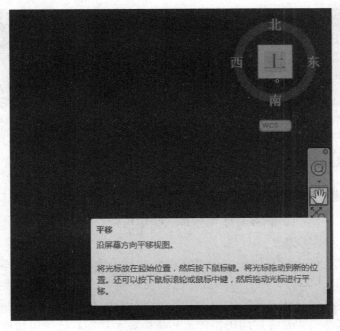

图 6-6　在导航栏中单击"平移"按钮

图 6-7 "平移"快捷菜单

**小结:** 在使用快捷键时,可以不用输入"平移"命令的快捷键全称,仅输入 P 确认即可。按 Esc 键或 Enter 键即可退出平移模式;用户可在绘图区域的任意位置右击,在弹出的快捷菜单中执行"退出"命令,也可以退出平移模式。

## 6.2 AutoCAD 2022 的精确绘图

AutoCAD 2022
的精确绘图

在使用 AutoCAD 2022 绘制项目图纸时,如果对图形尺寸比例要求不太严格,可以大致输入图形的尺寸。如果不是绘制草图,则应该使用精确绘图工具,以提高绘图的精确度和效率。

精确绘图工具是指能够帮助用户快速准确地定位某些特殊点(如端点、中点、圆心等)和特殊位置(如水平位置、垂直位置等)的工具(如捕捉、栅格、正交、对象捕捉等工具),这些工具都集中在 AutoCAD 2022 的状态栏中,如图 6-8 所示。

图 6-8 状态栏显示样式

### 6.2.1 显示图形栅格和捕捉模式

#### 1. 显示图形栅格和捕捉模式介绍

(1) 显示图形栅格:在屏幕上显式分布一些按指定行间距和列间距排列的栅格点,就像在屏幕上铺了一张坐标纸。

(2) 捕捉模式:使光标在绘图窗口中按指定的步距移动,就像在绘图屏幕上隐含分布着按指定行间距和列间距排列的栅格点,这些栅格点对光标有吸附作用,即能够捕捉光标,使光标只能落在由这些点确定的位置,从而使光标只能按指定的步距移动。

用户可根据需要设置是否启用栅格捕捉和栅格显示功能,还可以设置相应的间距。

### 2. 显示图形栅格和捕捉模式设置

(1)　"显示图形栅格"和"捕捉模式"的开启和关闭。在状态栏中单击"显示图形栅格"和"捕捉模式"按钮，使之处于压下状态，即打开"显示图形栅格"和"捕捉模式"功能；如果按钮已经处于开启状态，单击按钮就可以关闭"显示图形栅格"和"捕捉模式"。图6-9 所示为开启命令状态。

图 6-9　开启"显示图形栅格"和"捕捉模式"

(2)　"显示图形栅格"和"捕捉模式"参数设置。将鼠标指针放置在状态栏"显示图形栅格"和"捕捉模式"位置处并右击，在弹出的快捷菜单中选择"捕捉设置"命令，如图6-10 所示。在弹出的"草图设置"对话框中选择"捕捉和栅格"选项卡，如图6-11 所示。

图 6-10　选择"捕捉设置"命令

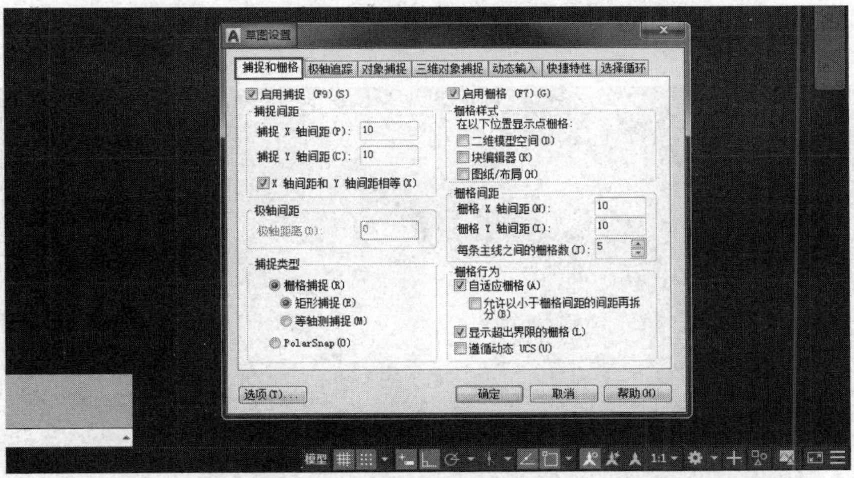

图 6-11　"草图设置"对话框

在"捕捉和栅格"选项卡中，"启用捕捉"和"启用栅格"复选框分别用于启用捕捉和栅格功能，"捕捉间距"和"栅格间距"选项组分别用于设置捕捉间距和栅格间距。此外，用户可通过此对话框进行其他设置。

小结：在操作过程中，可以使用快捷键 F9 打开"捕捉模式"，使用 F7 键打开"显示图形栅格"。可以选择菜单栏中的"工具"→"绘图设置"命令，调用"草图设置"对话框。

### 6.2.2　正交模式和极轴追踪

**1. 正交模式**

(1) "正交限制光标"的概念和意义。在创建或移动图形对象时，使用"正交限制光标"可以将光标限制在水平或垂直轴上。当打开"正交限制光标"时，通常不管鼠标指针放在什么位置，只能向水平或垂直的方向绘制直线或者移动图形。当关闭"正交限制光标"时，绘制的直线或者移动的图形就可以进行 360° 操作。

(2) "正交限制光标"的开启和关闭。单击状态栏中的"正交限制光标"按钮就可以打开或者关闭正交命令，如图 6-12 所示。也可以通过使用快捷键 F8 打开或关闭正交命令。

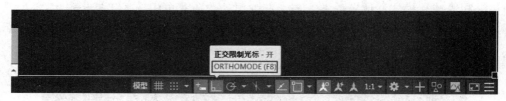

图 6-12　"正交限制光标"按钮

利用正交功能，用户可以方便地绘制与当前坐标系统的 X 轴或 Y 轴平行的线段(对于二维绘图而言，就是水平线或垂直线)。图 6-13 所示为在"正交限制光标"开启的状态下复制对象。

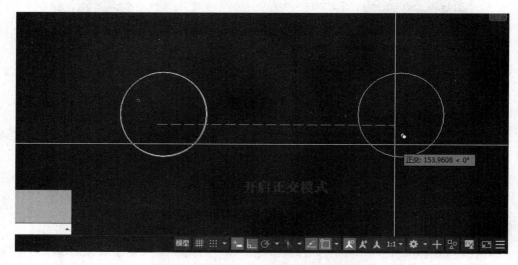

图 6-13　开启"正交限制光标"复制物体

**2. 极轴追踪**

(1) 极轴追踪的概念。当 AutoCAD 2022 提示用户指定点的位置时(如指定直线的另一端点)，拖动光标使其接近预先设定的方向(即极轴追踪方向)。操作时会自动将橡皮筋线吸附到该方向，同时沿该方向显示极轴追踪矢量，并浮出一个小标签，如图 6-14 所示。

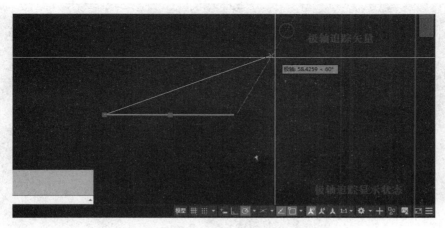

图 6-14  "极轴追踪"按钮

(2) 极轴追踪的开启与关闭。单击状态栏中的"极轴追踪"按钮，就可以开启或者关闭极轴追踪功能，也可以通过使用快捷键 F10 开启或关闭极轴追踪，如图 6-15 所示。

图 6-15  开启极轴追踪

(3) 极轴追踪性能参数设置。右击状态栏中的"极轴"按钮，在弹出的快捷菜单中选择"正在追踪设置"命令，如图 6-16 所示。在弹出的"草图设置"对话框中选择"极轴追踪"选项卡，如图 6-17 所示。根据绘图的需要在"增量角"下拉列表框中选择相关参数即可。

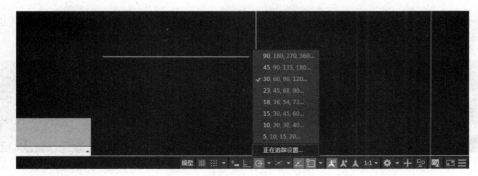

图 6-16  选择"正在追踪设置"命令

图 6-17　"极轴追踪"选项卡

具体操作案例，可以观看本章随书微课视频"6.2-AutoCAD 2022 精确绘图"的具体讲解。

小结：在实际图纸绘制过程中，可以设置任意角度的增量角，也就是说，可以用极轴追踪的方法绘制任意角度的斜线；而"正交限制光标"只能绘制水平或垂直的线。极轴和正交只能选择其中的一个功能，不能同时打开，"正交限制光标"在绘制户型图纸时更常用。

## 6.2.3　对象捕捉

### 1. 对象捕捉的概念

对象捕捉又称对象自动捕捉、隐含对象捕捉。对象捕捉是指使用鼠标等定点设备在屏幕上取点时，精确地将指定点放置到对象确切的特征几何位置处。利用自动捕捉功能，可以快速、准确地捕捉到某些特殊点(如端点、中点、交点、圆心等)位置，实现精确绘图。

### 2. 对象捕捉的开启和关闭

单击状态栏中的"对象捕捉"按钮，就可以开启或者关闭"对象捕捉"功能，也可以通过按快捷键 F3 开启或关闭"对象捕捉"命令，如图 6-18 所示。

图 6-18　"对象捕捉"按钮

### 3. 对象捕捉的参数设置

在状态栏的"对象捕捉"按钮处右击，在弹出的快捷菜单中选择"对象捕捉设置"命令，如图 6-19 所示。在弹出的"草图设置"对话框中选择"对象捕捉"选项卡，选中"启用对象捕捉"复选框，如图 6-20 所示。

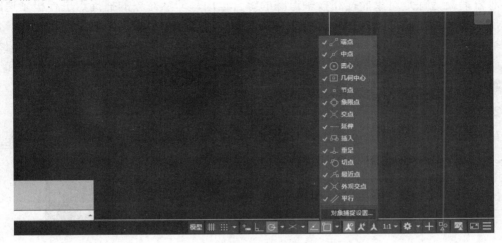

图 6-19　选择"对象捕捉设置"命令

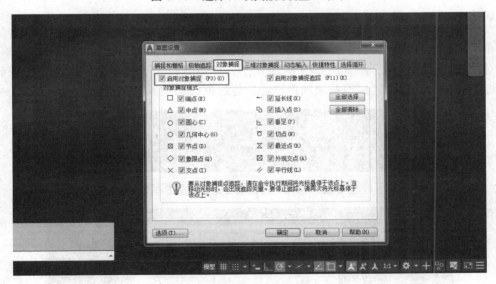

图 6-20　"对象捕捉"选项卡

利用"对象捕捉"选项卡设置默认捕捉模式并启用"对象捕捉"功能后，在绘图过程中每当 AutoCAD 2022 提示用户确定点时，如果使光标位于对应点的附近，那么 AutoCAD 2022 会自动捕捉到这些点。

小结：若要从对象捕捉点进行追踪，将光标悬停于该点上，当移动光标时会出现追踪矢量轴线。另外，还可以在图形界面的任意位置按住 Shift 键后单击鼠标右键，在弹出的快捷菜单中对自动捕捉的类型进行选择。

### 6.2.4 对象捕捉追踪

#### 1. 对象捕捉追踪的概念

对象捕捉追踪是对象捕捉和极轴追踪的综合运用，即从对象的捕捉点进行极轴追踪。要使用捕捉追踪，必须首先打开对象捕捉功能并且设置一个或者多个对象捕捉模式。使用对象捕捉追踪可以捕捉到指定对象点以及指定角度线的延长线上的任意点位置。对象捕捉追踪必须配合对象捕捉和极轴追踪一起使用，即同时打开状态栏中的"对象捕捉"和"极轴追踪"按钮。

#### 2. 对象捕捉追踪的开启和关闭

单击状态栏中的"对象捕捉追踪"按钮，就可以打开或者关闭对象捕捉追踪功能，如图 6-21 所示。还可以通过按快捷键 F11 打开或者关闭对象捕捉追踪功能。

图 6-21　开启对象捕捉追踪

#### 3. 对象捕捉追踪的参数设置

在状态栏的"对象捕捉"或者"对象捕捉追踪"按钮处右击，在弹出的快捷菜单中选择"对象捕捉追踪设置"命令，如图 6-22 所示。在弹出的"草图设置"对话框中选择"对象捕捉"选项卡，选中"启用对象捕捉追踪"复选框，如图 6-23 所示。

图 6-22　选择"对象捕捉追踪设置"命令

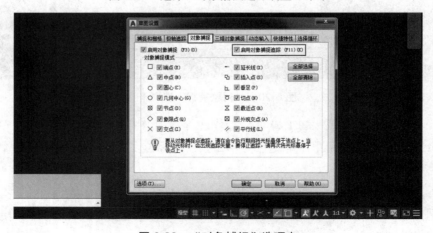

图 6-23　"对象捕捉"选项卡

**4. 对象捕捉追踪应用操作**

具体操作案例，可以观看本章随书微课视频"6.2-AutoCAD 2022 精确绘图"的具体讲解。

> **小结**：AutoCAD 2022 中的自动追踪包括极轴追踪和对象捕捉追踪。可以通过状态栏中的"对象追踪"按钮打开或关闭自动追踪。需要注意的是，必须设置对象捕捉，才能从对象的捕捉点进行追踪。

## 6.2.5　动态输入

**1. 动态输入功能介绍**

动态输入可以在光标位置显示标注输入和命令行提示等信息。动态输入在光标附近提供了一个命令界面，以帮助用户专注于绘图区域。

**2. 动态输入的开启或者关闭**

单击状态栏中的"动态输入"按钮，就可以打开或者关闭动态输入功能，如图 6-24 所示。还可以通过使用快捷键 F12 打开或者关闭该功能。

**图 6-24　"动态输入"按钮**

**3. 动态输入的参数设置**

右击状态栏中的"动态输入"按钮，在弹出的快捷菜单中选择"动态输入设置"命令，如图 6-25 所示。在弹出的对话框中选择"动态输入"选项卡，如图 6-26 所示，从中可以进行相应参数的设置。

**图 6-25　选择"动态输入设置"命令**

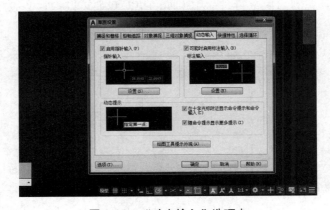

**图 6-26　"动态输入"选项卡**

小结：动态输入最明显的显示样式就是十字光标位置处的输入框，动态显示输入的坐标值、长度值、角度值等，一般在操作过程中需要输入数值时用到。因为动态输入显示的是人机交互的信息，所以在绘制图纸的过程中非常方便和快捷。

# 6.3 AutoCAD 2022 的块及属性

AutoCAD 2022
块的操作及属性

## 6.3.1 块的基本概念和特点

### 1. 块的基本概念

块是由多个图形对象组成的一个复杂集合。它的基本功能就是方便用户重复绘制相同的图形，用户可以为所定义的块赋予一个名称，在同一文件中的不同地方方便地插入已定义好的块文件，并通过块上的基准点来确定块在图面上插入的位置。当块作为文件保存下来时，还可以在不同的文件中方便地插入。在插入块的同时可以对插入的块进行缩放和旋转操作。通过上述操作，就可以方便地反复使用同一个复杂图形。

### 2. 块的基本特点

块具有如下基本特点。

(1) 便于创建图块库。如果把绘图过程中经常使用的图形定义成块并保存在磁盘上，就形成一个图块库。当需要某个图块时，把它插入图中即可，从而可避免大量的重复工作，提高绘图的效率和质量。

(2) 节省磁盘空间。图形中的实体都有其特征参数，如图层、位置坐标、线型等。保存所绘制的图形，实质上是将图中所有的实体特征参数存储在磁盘上。当使用 Copy 命令复制多个图形时，图中所有特征参数都被复制了，因此会占用很大的磁盘空间。

(3) 便于修改图形。在工程项目中经常会遇到修改图形的情况，当块作为外部引用插入时，修改一个早已定义好的图块，AutoCAD 会自动地更新图中已经插入的所有该图块。

(4) 便于携带属性。在绘制某些图形时，除了需要反复使用某个图形外，还需要对图形进行文字说明，而且说明还会有变化，如零件的表面粗糙度值、形位公差数值等。AutoCAD 提供了属性功能来满足这一需要，即属性是从属于块的文字信息，它是块的一个组成部分。对于这些需要对图形进行文字说明的块，我们可以把它做成属性块。

小结：用 AutoCAD 2022 绘图的最大优点就是，AutoCAD 2022 具有库的功能且能重复使用图形的部件。利用 AutoCAD 2022 提供的块、写入块和插入块等操作就可以把用 AutoCAD 2022 绘制的图形作为一种资源保存起来，在一个图形文件或者不同的图形文件中重复使用。

## 6.3.2 块的操作

能否准确地建立一个块，是考验一名技术人员能否正确使用块的标准。正确地建立块，可以加快人们利用计算机绘图的速度。在绘图时，必须有前瞻性，要能预见什么样的结构会重复出现。对于重复出现的结构，我们应该首先建立好块。在块的建立过程中，比较直观、方便的方法是利用对话框建立块。

**1. 如何创建块**

(1) 使用菜单栏创建"块"。在菜单栏中单击"绘图"菜单，在弹出的下拉菜单中选择"块"→"创建"命令，如图 6-27 所示。

**图 6-27　选择"创建"命令**

(2) 使用功能区中的选项组创建块。在功能区中，单击"默认"选项卡"块"选项组中的"创建"按钮，也可以在 AutoCAD 2022 中创建新的块，如图 6-28 所示。

**图 6-28　单击"创建"按钮**

(3) 使用快捷键创建块。选择需要创建块的图形对象后，使用快捷键"B+空格"也可以创建新的块，如图 6-29 所示。

(4) "块定义"对话框。使用菜单栏、功能区中的选项组或快捷键后，在图形界面中就会弹出"块定义"对话框，如图 6-30 所示。"名称"下拉列表框用于确定块的名称；

"基点"选项组用于确定块的插入基点位置;"对象"选项组用于确定组成块的对象;"设置"选项组用于进行相应参数设置。通过"块定义"对话框完成对应的设置后,单击"确定"按钮。

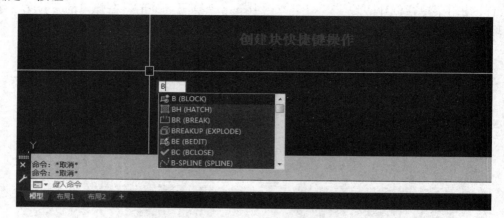

图 6-29  单击使用快捷键创建块

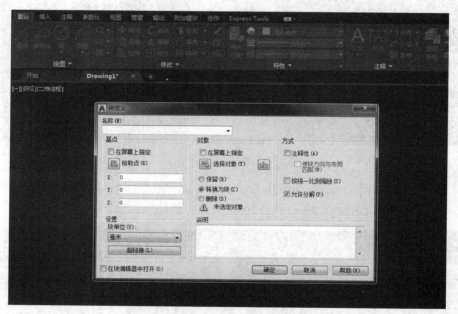

图 6-30  "块定义"对话框

### 2. 如何创建外部块

所谓的外部块即块的数据可以是以前定义的内部块,或是整个图形,或是选择的对象,它保存在独立的图形文件中,可以被所有图形文件访问。输入快捷键 WB,按 Enter 键,弹出"写块"对话框,如图 6-31 所示。

在"写块"对话框中,"源"选项组用于确定组成块的对象来源。"基点"选项组用于确定块的插入基点位置,"对象"选项组用于确定组成块的对象;只有在"源"选项组中选中"对象"单选按钮后,这两个选项组才有效。"目标"选项组用于确定块的保存名称和位置。用 WBLOCK 命令创建块后，该块以.DWG 格式保存，即以 AutoCAD 2022 图形文件格式保存。

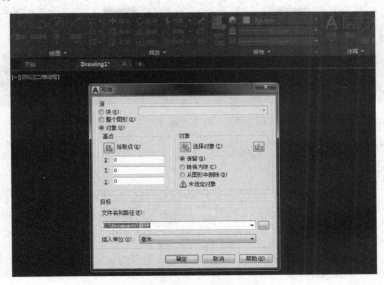

图 6-31　"写块"对话框

### 3. 如何插入块

当块保存在所指定的位置后，即可在其他文件中使用该图块。图块的重复使用是通过插入图块的方式实现的。在 AutoCAD 2022 中，最常用的调出块选项卡对话框的方法有以下几种。

(1) 使用菜单栏或功能区中的选项组插入块。在菜单栏中单击"插入"菜单，在弹出的下拉菜单中选择"块选项板"命令，如图 6-32 所示。在功能区中单击"默认"选项卡"块"选项组中的"插入"按钮，如图 6-33 所示。

图 6-32　选择"块选项板"命令

图 6-33 单击"插入"按钮

(2) 使用快捷键插入块。在 AutoCAD 2022 中使用快捷键 INSERT 后按 Enter 键或空格键进行相应操作。

(3) 选项卡对话框。在使用菜单栏、功能区中的选项组和快捷键后，弹出块的选项卡对话框，如图 6-34 所示。"当前图形"选项卡显示当前图形中可用块定义的预览或列表。"最近使用"选项卡显示当前和上一个任务中最近插入或创建的块定义的预览或列表，这些块可能来自各种图形。"收藏夹"选项卡显示收藏块定义的预览或列表，这些块是"块"选项板中其他选项卡的常用块的副本。"库"选项卡显示从单个指定图形中插入的块定义的预览或列表。块定义可以存储在任何图形文件中。将图形文件作为块插入还会将其所有块定义输入当前图形。

图 6-34 块的选项卡对话框

(4) 设置插入基点。前面曾介绍过，用 WBLOCK 命令创建的外部块以 AutoCAD 图形文件格式.DWG 格式保存。实际上，用户可以用 INSERT 命令将 AutoCAD 图形文件插入当前图形。但是当将某一图形文件以块的形式插入时，AutoCAD 默认将图形的坐标原点作为块上的插入基点，这样往往会给绘图带来不便。为此，AutoCAD 允许用户为图形重新指定插入基点。

　　在菜单栏中单击"绘图"菜单，在弹出的下拉菜单中选择"块"→"基点"命令，如图 6-35 所示；还可以使用快捷命令 BASE。命令提示行提示"base 输入基点"，如图 6-36 所示。在此提示下指定一点，即可为图形指定新基点。

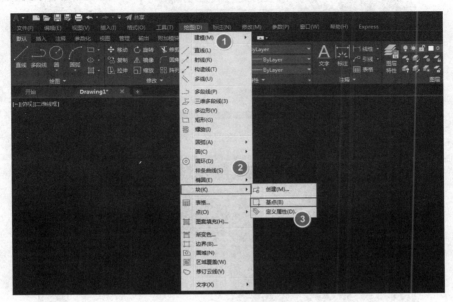

图 6-35　选择"基点"命令

图 6-36　块的输入基点

### 4. 如何编辑块

　　AutoCAD 2022 的块编辑即在块编辑器中打开创建的块，对其进行各项参数的修改。首先在图纸中绘制矩形和圆形两个对象，然后同时选择矩形和圆形，使用快捷键"B+空格"调用相应命令，在弹出的"块定义"对话框中将块命名为 a，如图 6-37 所示。

　　(1) 使用"编辑块定义"对话框。在功能区中，单击"默认"选项卡"块"选项组中的"编辑"按钮或者使用快捷键"BE+空格"调用相应命令，弹出"编辑块定义"对话框，如图 6-38 所示。

图 6-37 "块定义"对话框

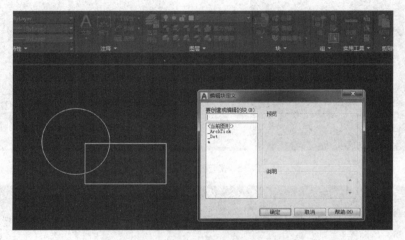

图 6-38 "编辑块定义"对话框

(2) 使用"块编辑器"选项卡。在弹出的"编辑块定义"对话框中,双击列表框中需要编辑的块,功能区中将会弹出"块编辑器"选项卡,如图 6-39 所示。(此时绘图背景为深灰色。)

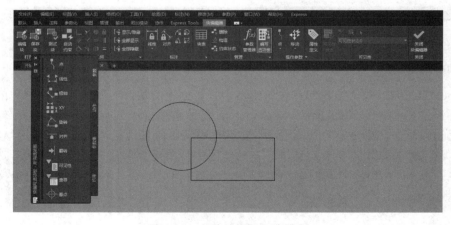

图 6-39 "块编辑器"选项卡

(3)　可以直接对该选项卡进行编辑，编辑后单击该选项卡中的"关闭块编辑器"按钮，弹出"块-未保存更改"对话框，如图 6-40 所示。如果选择"将更改保存到 a"选项，则会关闭块编辑器，并确认对块定义的修改。一旦利用块编辑器修改了块，当前图形中插入的对应块将自动进行相应的修改。

图 6-40　"块-未保存更改"对话框

**小结**：在 AutoCAD 2022 的块操作中，包含了对内部块的创建、外部块的创建、块的插入以及块的编辑等。在对块的每一项操作中，注意编辑对话框的调用和参数的各项设置，以达到操作流畅、制图准确的目的。

## 6.3.3　块的属性

### 1. 定义块的属性

(1)　调用"属性定义"对话框。在菜单栏中单击"绘图"菜单，在弹出的下拉菜单中选择"块"→"定义属性"命令，如图 6-41 所示。还可以使用快捷键"ATT+ 空格"调出"属性定义"对话框。

图 6-41　选择"定义属性"命令

(2)　使用"属性定义"对话框。选择菜单命令或者使用快捷键后，弹出"属性定义"

对话框，如图 6-42 所示。"模式"选项组用于设置属性的模式。在"属性"选项组中，"标记"文本框用于确定属性的标记，"提示"文本框用于设置插入块时 AutoCAD 提示用户输入属性值的提示信息，"默认"文本框用于设置属性的默认值。"插入点"选项组用于确定属性值的插入点，即属性文字排列的参考点。"文字设置"选项组用于确定属性文字的格式。

图 6-42　"属性定义"对话框

## 2. 修改块的属性

使用快捷键"DDED+空格"调用相应命令，命令提示行提示"TEXTEDIT 选择注释对象或 [模式(M)]"，如图 6-43 所示。在提示下选择属性定义标记，弹出"编辑属性定义"对话框，如图 6-44 所示，从中可修改属性定义的标记、提示和默认值。

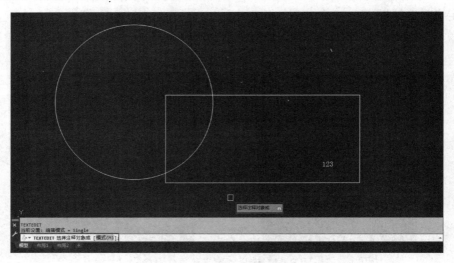

图 6-43　选择注释对象

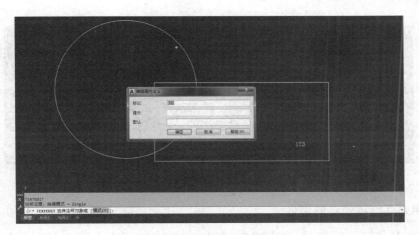

图 6-44　"编辑属性定义"对话框

### 3. 块的属性显示控制

(1) 在菜单栏单击"视图"菜单，在弹出的下拉菜单中选择"显示"→"属性显示"命令，如图 6-45 所示。还可以使用快捷键"ATTDISP+空格"调用相应命令。

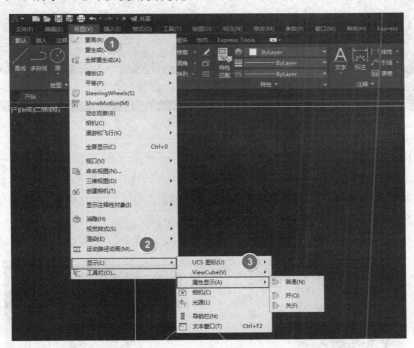

图 6-45　选择"属性显示"命令

(2) 命令提示行提示"ATTDISP 输入属性的可见性设置[普通(N)　开(ON)　关(OFF)]"，如图 6-46 所示。"输入属性的可见性设置"列表框中的各项含义如下。

① 普通(N)：表示将按定义属性时规定的可见性模式显示各属性值。

② 开(ON)：将会显示所有属性值，与定义属性时规定的属性可见性无关。

③ 关(OFF)：不显示所有属性值，与定义属性时规定的属性可见性无关。

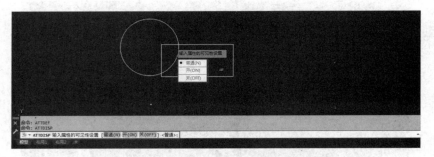

图 6-46    "输入属性的可见性设置"列表框

## 4. 利用对话框编辑块的属性

(1)    使用快捷键执行命令。使用快捷键"EATTEDIT+空格"调用相应命令,命令提示行提示"EATTEDIT 选择块",如图 6-47 所示。

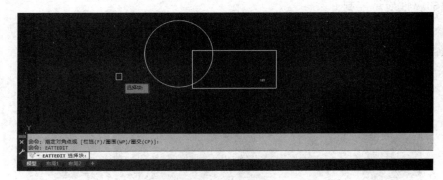

图 6-47    选择块提示

(2)    使用"增强属性编辑器"对话框。选择块后弹出"增强属性编辑器"对话框,如图 6-48 所示。该对话框中有"属性""文字选项"和"特性"三个选项卡,具体含义如下。

①    "属性"选项卡可显示每个属性的标记、提示和值,并允许用户修改值。

②    "文字选项"选项卡用于修改属性文字的格式。

③    "特性"选项卡用于修改属性文字的图层及其线宽、线型、颜色、打印样式等。

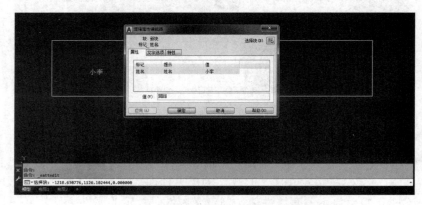

图 6-48    "增强属性编辑器"对话框

　　**小结：** 属性是从属于块的文字信息，是块的组成部分。用户可以为块定义多个属性，并且可以控制这些属性的可见性。在 AutoCAD 2022 中对块进行定义和创建后，可以通过快捷键 X 对其进行分解。

# 本 章 小 结

　　本章首先介绍了图形显示比例和显示位置的控制，然后介绍了 AutoCAD 2022 的精确绘图，其功能可以帮助用户准确地定位和绘制图形，最后介绍了块的操作及其属性。

　　完成前面章节的绘图练习时可能已经遇到了一些问题，例如，因为不能准确地确定点，所以绘制的直线没有准确地与圆相切；两个圆不同心；阵列后得到的阵列对象相对于阵列中心偏移；等等。利用 AutoCAD 提供的对象捕捉功能，能够避免这些问题的发生。

　　在完成本书后续章节的绘图练习时，如果需要确定特殊点，切记要利用对象捕捉、极轴追踪或对象捕捉追踪等功能确定这些点，不要凭目测去拾取点。凭目测确定的点一般会存在误差。例如，凭目测绘出切线后，即使在绘图屏幕上显示的图形似乎满足相切要求，但用 ZOOM 命令放大切点位置后，就会发现所绘直线并没有与圆真正相切。

　　本章还介绍了正交和栅格显示、栅格捕捉功能，这些功能也可以提高绘图的效率与准确性。块是图形对象的集合，通常用于绘制复杂、重复的图形。一旦将一组对象定义成块，就可以根据绘图需要将其插入图中的任意指定位置，即将绘图过程变成了拼图，从而提高绘图效率。属性是从属于块的文字信息，是块的组成部分。

# 第 7 章
# 室内设计平面图纸的绘制

使用 AutoCAD 可以完成一个较为完整的平面图绘制，其具体包含原始结构图、平面布置图、顶面布置图、顶面尺寸图、地面材质图、强弱电分布图和电位控制图的绘制。需要注意的是，具体操作根据不同的设计需求和软件版本可能会有所差异，建议参考 AutoCAD 的具体操作指南或教程进行学习。

# 7.1　AutoCAD 2022 平面图纸概述

## 7.1.1　平面图纸的重要作用

　　室内设计平面图纸与建筑平面图纸类似，是将住宅结构利用水平剖切的方法，俯视得到的平面图，如图 7-1 所示。其作用是详细说明住宅建筑内部结构、装饰材料、平面形状、位置及大小等，同时还表明室内空间的构成、各个主体之间的布置形式以及各个装饰结构之间的相互关系等。

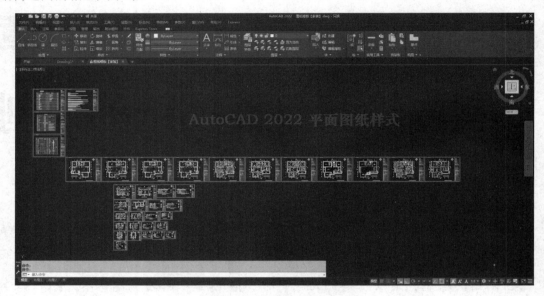

图 7-1　室内平面图纸

　　对于家居装饰装修的工程技术人员而言，接触较多的图纸就是 AutoCAD 平面图纸。它是以家居设计图样为主，侧重于户型的装饰设计施工图样，重点是室内家具陈设和各种设施的制作施工图样，如各卧室、卫生间、厨房的平面图、立面图和室内各种局部施工详图等，因此可作为施工的重要依据。

## 7.1.2　平面图纸的绘制流程

　　一般情况下，平面图纸的绘制开始于测量原始结构的尺寸。经过实地的原始尺寸测量后，首先绘制的就是原始结构图纸，在原始结构图纸中要清楚地表达房屋的原始结构、原始设备布局等。然后根据业主的要求和基本的设计原则，对结构中不合理的地方进行改造，对不合理的区域进行重新布局等。接下来就要绘制平面布置图，对整体的结构图纸进行家具、电器等具体布置和空间的合理分配，如图 7-2 所示。

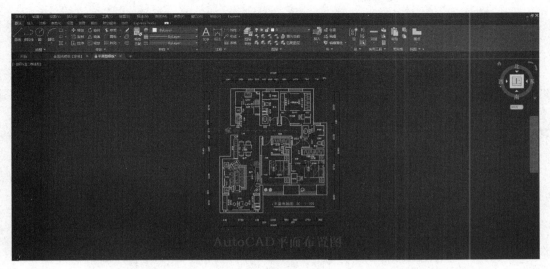

图 7-2　平面布置图

　　原始结构图和平面布置图绘制完成后，就要开始绘制顶面布置图。顶面布置图要清楚地表示顶面的设计材料、基本结构和结构之间的空间关系，并且在顶面布置图纸中还要清楚地表达各层级吊顶的设计高度和主体房屋总高度信息，如图 7-3 所示。绘制完成后，就要在顶面布置图的基础上绘制顶面尺寸图。

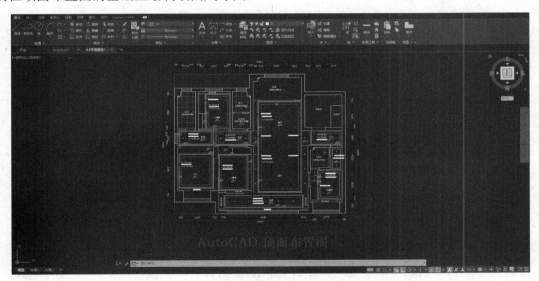

图 7-3　顶面布置图

　　对房屋结构的顶面部分设计完成后，再进行的是地面材质图的绘制，在图纸中清楚地表达每个空间结构的地面铺贴材料类型，为地面空间部分的设计提供必要的图纸依靠。最后要开始对房屋各个位置的强弱电和电位开关进行全面的布置。强弱电和电位控制主要根据业主的实际生活需求，对空间结构中的插座和开关进行总体布局，达到优化结构、合理布局、简单方便的目的。

# 7.2 原始结构图的绘制

原始结构图是设计师对房屋结构进行实地测量之后，根据测量数据放样出的平面图纸，其中包括房屋整体结构，空间结构，门口、窗户的位置、尺寸和材料等。原始结构图是设计师绘制的第一张图纸，其他的平面图纸都是在原始结构图的基础上绘制完成的，其中包括平面布置图、顶面布置图、顶面尺寸图、地面材质图、强弱电分布图和电位控制图等。

通常房屋由客厅、餐厅、卧室、厨房、卫生间及阳台等部分组成。本案例设计师量房时徒手绘制的房屋结构，草图如图 7-4 所示。

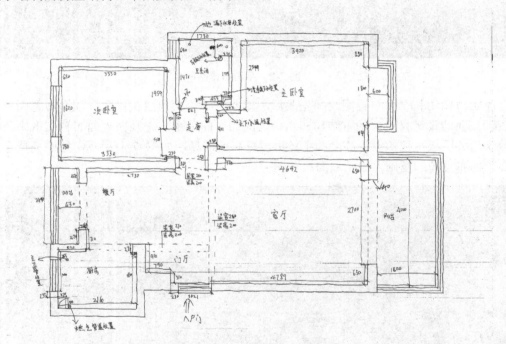

**图 7-4 手绘图纸**

## 7.2.1 结构图中墙体和梁的绘制

打开 AutoCAD 2022 后，首先对其操作环境进行设置，为图纸的操作提供软件环境和速度效率的支持。操作环境设置完成后，再绘制图纸中的墙体和梁的结构位置，墙体的绘制包括对墙体的内侧线、墙体的外侧线以及窗户的绘制。然后根据实际测量的尺寸数据，绘制梁的具体位置。

AutoCAD 2022
原始结构图——
结构线的绘制

### 1. 操作环境设置

(1) 打开 AutoCAD 2022，在状态栏中依次单击"动态输入""正交""对象捕捉追踪"和"对象追踪"四个按钮，如图 7-5 所示。

图 7-5　状态栏设置

（2）右击"对象捕捉"按钮，在弹出的快捷菜单中选择"对象捕捉设置"命令。在弹出的"草图设置"对话框中选择"对象捕捉"和"动态输入"选项卡，根据图纸需要选择具体的捕捉模式即可。

小结：在绘制图纸之前需要对 AutoCAD 2022 的操作环境进行相应的设置，可以根据前面章节讲述的内容进行操作，主要是对"正交""对象捕捉""对象捕捉追踪"和"动态输入"命令的参数设置。

**2. 结构图中墙体的绘制**

（1）起点直线绘制。仔细查看测量的手绘图纸，确定从图纸结构中的入户门位置开始，根据具体位置的具体尺寸执行"直线"命令，依次绘制墙体的内侧直线。入户门左侧的 230mm 直线绘制如图 7-6 所示。

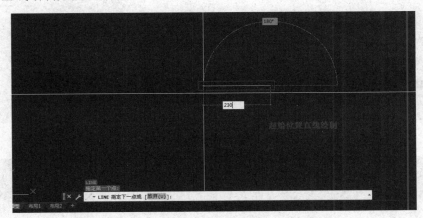

图 7-6　直线的绘制

（2）内侧墙线绘制。在开启"正交模式"状态下，依次绘制其他直线段位置。注意，在绘制的过程中，数据的输入一定要准确，避免出现大的数据误差而造成麻烦。图纸内侧墙线绘制完成后效果如图 7-7 所示。

（3）外侧墙线绘制。在实际的图纸操作中，外围墙的厚度都是按照承重墙的厚度来处理的。选择内侧墙体直线，执行"偏移(O)"距离"240mm"的操作，如图 7-8 所示。注意，在偏移直线的过程中，相邻的每个方向上的内侧墙体线偏移一根线就可以了。

（4）墙体图形的整理。对相邻的偏移出的两条直线执行"倒直角(F)"操作，如图 7-9 所示。继续通过执行"直线(L)"和"剪切(TR)"命令，对入户门位置结构进行最终确定，如图 7-10 所示。

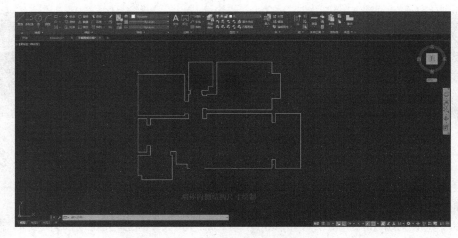

图 7-7　内侧墙线的绘制

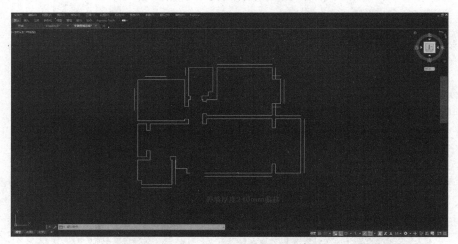

图 7-8　外侧墙线的绘制

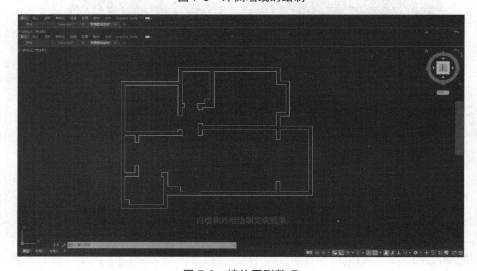

图 7-9　墙体图形整理

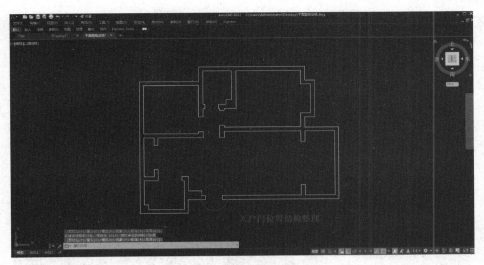

图 7-10 入户门的结构

**小结**：在按照手绘图纸进行 AutoCAD 图纸放样时，要注意绘制直线的技巧和数据输入的准确性。一般情况下，因为现实条件的限制，最终绘制的图形都会出现或多或少的尺寸误差，只要是在允许的数据范围内都是可以接受的。

### 3. 结构图中窗户的绘制

(1) 窗户的界线绘制。根据手绘的结构图纸，通过执行"延伸(EX)"和"直线(L)"命令确定每个窗户边界的具体位置，如图 7-11 所示。窗户边界位置确定后，通过执行"偏移(O)"距离"80mm"的操作，绘制得到窗户的内部结构线，如图 7-12 所示。

(2) 窗户的图形整理。窗户的内部结构线绘制完成后，执行"倒直角(F)"命令，对图纸右侧的飘窗和阳台位置图形进行整理。选择每个窗户中间偏移出的两条直线，通过"对象颜色"将其改为"绿色"，如图 7-13 所示。

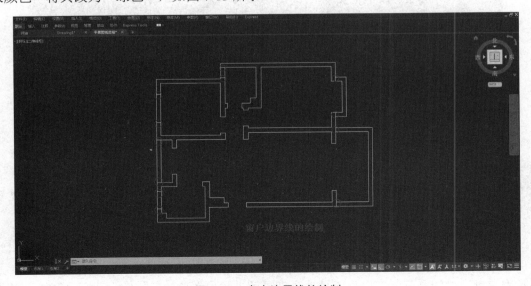

图 7-11 窗户边界线的绘制

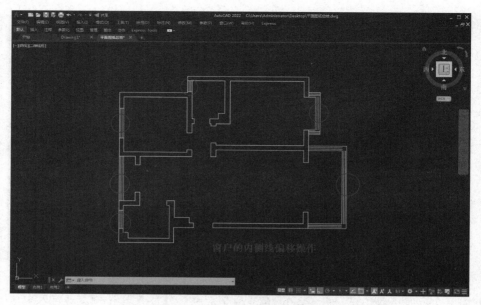

图 7-12　窗户结构线的偏移

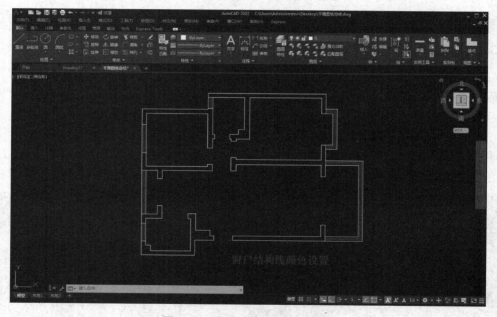

图 7-13　窗户结构线的颜色设置

> **小结**：在绘制窗户的边界线时，可以用"直线(L)"去捕捉窗户边界的端点位置。"偏移(O)"得到窗户结构线后，需要对结构线进行颜色的修改，修改时可以通过执行"笔刷(MA)"命令进行线的特性匹配操作。

### 4. 结构图中梁的绘制

在现场对结构进行尺寸测量时，一定要特别注意房屋结构中顶梁的位置和尺寸，除了要精确测量出梁的高度和宽度外，还要详细了解顶梁位置的建筑结构，为后面顶面布置图的绘制做好坚实的准备和数据存储。

(1) 顶梁位置的直线绘制。仔细查看房屋顶梁位置的结构特点，通过执行"直线(L)"命令对顶梁位置进行确认，如图 7-14 所示。位置线绘制完成后，通过执行"偏移(O)"命令得到梁的宽度，结构中三处梁的宽度分别是 270mm、280mm 和 240mm，如图 7-15 所示。

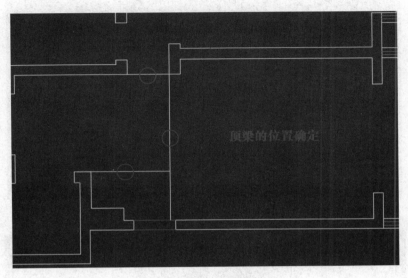

图 7-14　确定顶梁的位置

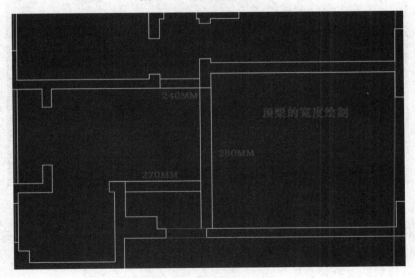

图 7-15　确定顶梁的宽度

(2) 顶梁的线型确认。在图纸的信息表达中，梁结构因为不是承重墙体部分，所以用灰色虚线表示。选择梁位置的结构线，在功能区中使用"默认"选项卡"特性"选项组中的"对象颜色"和"线型"按钮设置结构线的特性，如图 7-16 所示。通过执行"笔刷(MA)"命令，对其他梁位置结构直线进行特性匹配，最终效果如图 7-17 所示。

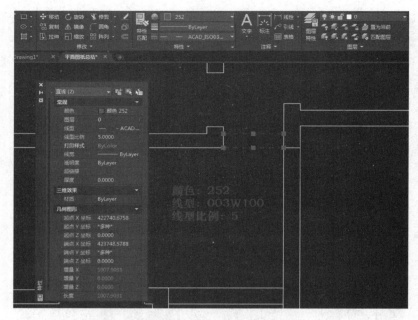

图 7-16　线型的设置

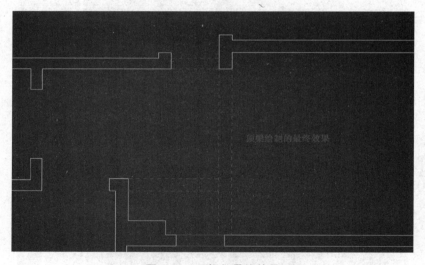

图 7-17　顶梁的最终效果

**小结**：在绘制顶梁结构图纸时，一定要仔细观察和分析顶梁位置的结构特点，确定将哪个结构点作为梁的起始结构直线点，从这个点开始绘制梁的第一条结构线，然后根据测量数据，对梁的宽度进行偏移操作。

**5. 门窗位置的结构线绘制**

(1) 直线的绘制。门和窗户位置需要在图纸中进行结构线处理，通过执行"直线(L)"命令对每个空间区域的门和窗户结构线进行绘制，在绘制过程中注意打开捕捉设置，如图 7-18 所示。

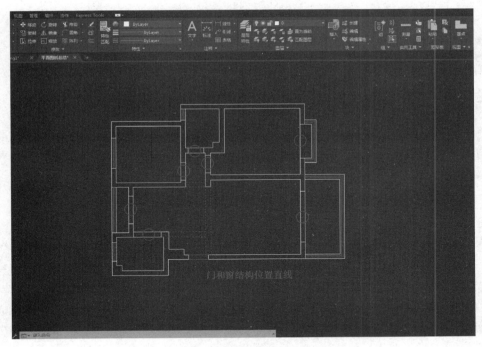

图 7-18　门口和飘窗位置直线的绘制

（2）直线的颜色设置。在图纸的信息表达中，白色墙体线代表此处墙体为整个房屋框架结构中的承重墙。因为门窗的结构位置不属于承重墙，所以将其结构线设置为灰色 252 的实体线即可，如图 7-19 所示。

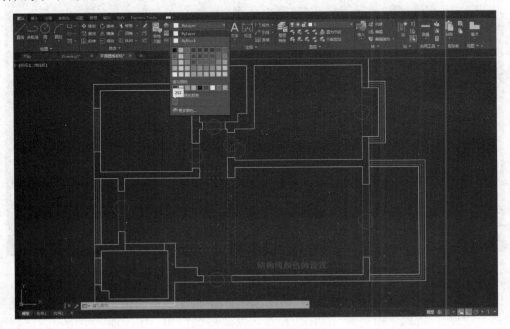

图 7-19　直线的颜色修改

小结：在图纸的信息表达中，白色实体线样式一般代表的是此处位置为承重墙，灰色实体线样式代表的是此处位置为非承重墙，灰色虚线样式代表的是此处位置为顶梁结构，绿色实体线样式代表的是此处位置为窗户内部结构线。

## 7.2.2 结构图中厨房和卫生间的管道绘制

厨房和卫生间是整体房屋结构中比较特殊的位置，用来满足人们的日常生活需要。而其结构的特殊复杂性也是实地勘测和图纸绘制的一个难点，因此本节重点讲解厨房和卫生间图纸的绘制过程。

### 1. 厨房烟道和卫生间通气管道的绘制

厨房烟道和卫生间通气管道是分别用来排除厨房烟气和卫生间废气的竖向管道，也称排风道、通风道、住宅排气道等。一般情况下，厨房烟道的出风口和吸油烟机的排气口相连接，卫生间的通气管道和换气扇的排气口相连接。烟道和通气管道通过水泥层面与外部空间相隔，因此，在图纸中需要绘制水泥层的厚度，一般情况下水泥层厚度为2cm。

(1) 烟道和通气管道的壁厚绘制。按照水泥层为 2cm 的厚度进行图纸绘制，将烟道和通气管道的外围墙体线向内侧方向执行"偏移(O)"距离"20mm"的操作，操作后如图 7-20、图 7-21 所示。

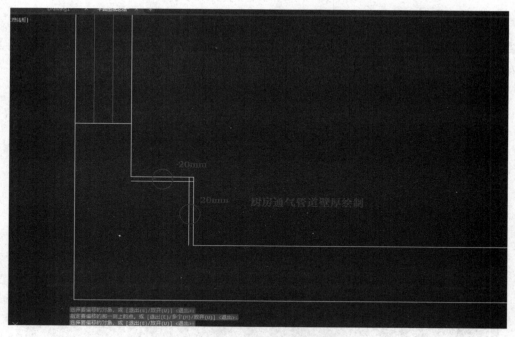

图 7-20　绘制厨房通气管道厚度

(2) 烟道和通气管道的图形整理。通过执行"偏移(O)"命令得到水泥层板的厚度后，继续执行"倒直角(F)"和"剪切(TR)"命令，对厨房烟道和卫生间通气管道位置进行图形整理，如图 7-22、图 7-23 所示。

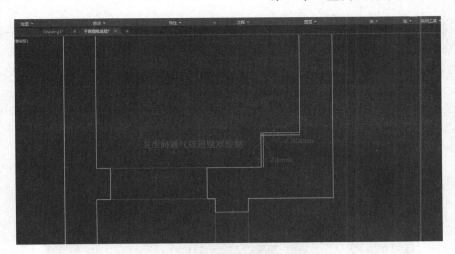

图 7-21　绘制卫生间通气管道厚度

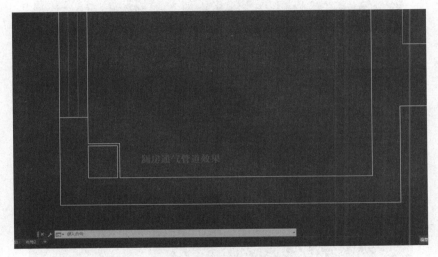

图 7-22　厨房位置的图形整理

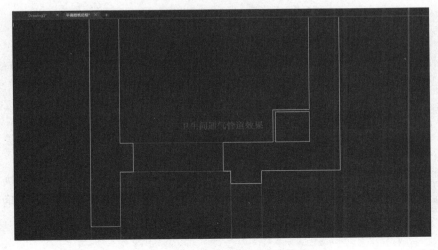

图 7-23　卫生间位置的图形整理

(3) 厨房烟道和卫生间通气管道的空洞线绘制。厨房烟道和卫生间的通气管道是用来通风换气的，所以其是竖向的管道，需要在内部绘制空洞线来表示其结构的特点。以厨房通气管道为例，通过执行"直线(L)"命令，在烟道和通气管道内侧绘制折弯直线，其样式如图 7-24 所示。然后选择折弯线，通过"对象颜色"按钮将其颜色改为"灰色：252"，如图 7-25 所示。厨房位置绘制完成后，继续以同样的方法绘制卫生间通气管道即可。

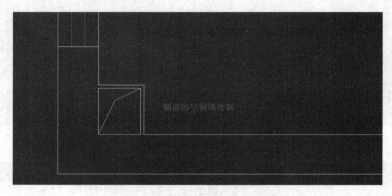

图 7-24　厨房位置的空洞线绘制

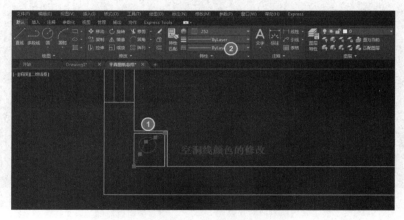

图 7-25　修改空洞线的颜色

小结：吸油烟机放置在烟道的附近，这样可以缩短排放路径，便于油烟和污气的排放，达到最大化排放的目的。厨房的烟道和卫生间的通气管道在现场非常容易辨认，在测量卫生间或者厨房的结构时，墙角凸起的立柱式墙体就是烟道和通气管道的位置。

### 2. 厨房燃气管道和主下水管道的绘制

厨房的燃气管道安置在靠墙角位置，平层用户(6 层的居民用户)室内燃气管道一般为DN25(即管道的内直径为 25mm)。厨房的主下水管道尺寸一般为直径 110cm。

(1) 管道的图形绘制。燃气管道和主下水管道都是以圆形来表示的，通过执行"圆形(C)"命令，分别绘制直径为 25mm 和 110mm 的圆，绘制完成后将其放置到正确位置，如图 7-26 所示。

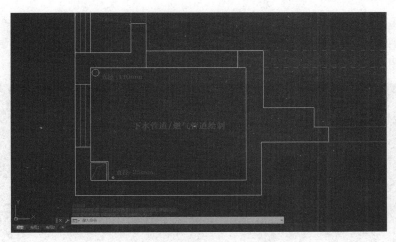

图 7-26　厨房燃气管道和下水管道的绘制

(2) 管道图形的颜色修改。在图纸的信息表达中，管道是以实体灰色 252 来表示的，通过"对象颜色"按钮对燃气管道和主下水管道的图形颜色进行修改，如图 7-27 所示。

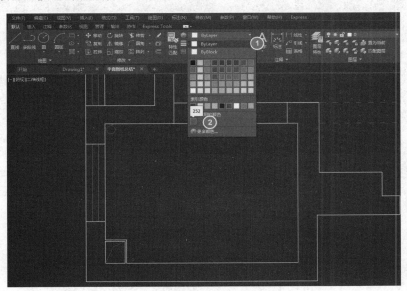

图 7-27　设置图形颜色

小结：燃气管道和主下水管道一般放置在大概正确位置即可，在图纸的绘制过程中没有必要对其进行精确位置尺寸的放置。在管道的图纸信息表达中，"对象颜色"按照"灰色：252"实现线设置即可。

### 3. 卫生间下水管道的绘制

在实际的管道结构中，卫生间的主下水管道和马桶的下水管道的直径尺寸为 110mm，洗手盆下水和地漏下水管道直径尺寸为 50mm。在本案例的卫生间结构中，有一个地漏下水管道、一个洗手盆下水管道、一个主下水管道和一个马桶下水管道。

(1) 地漏下水管道、洗手盆下水管道和主下水管道的绘制。通过执行"圆形(C)"命令，分别绘制直径为 50mm 和 110mm 的圆，将其放置到正确位置并修改其颜色为灰色252，最终效果如图 7-28 所示。

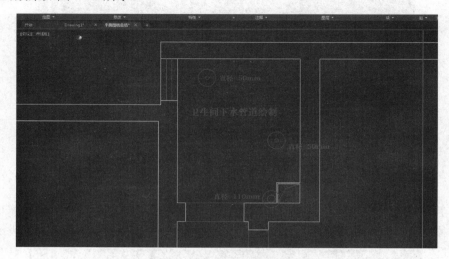

图 7-28　卫生间下水管道的绘制

(2) 卫生间马桶下水管道位置确定。马桶下水管道与两侧墙体的距离会直接影响客户购买马桶的型号和大小，所以马桶下水管道位置在测量尺寸时一定要精确。根据设计师在现场手绘的测量图，马桶下水管道的中心点距离上侧墙体和右侧墙体分别是 600mm 和350mm，如图 7-29 所示。

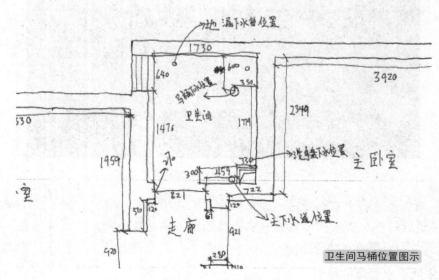

图 7-29　马桶的位置尺寸

(3) 马桶下水管道的图形绘制。通过执行"偏移(O)"距离"600mm"和"350mm"的操作，得到马桶下水管道的中心点位置，如图 7-30 所示。以中心点为圆心执行"圆形(C)"命令，绘制马桶下水管道样式并设置颜色为灰色 252，最后设置辅助线为虚线样式，如图 7-31 所示。

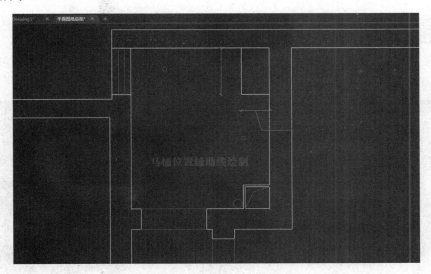

图 7-30 马桶下水管道位置确定

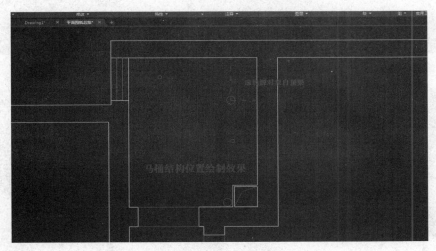

图 7-31 马桶下水管道确认

**小结:** 在卫生间所有的下水管道中,主下水管道、地漏下水管道和洗手盆下水管道在放置时,位置大概正确即可。尤其需要注意的是马桶下水管道位置,可以通过测量与两侧墙体的距离得到圆形管道中心点位置。

## 7.2.3 结构图中的文字标注和尺寸标注

文字标注和尺寸标注是整套图纸中的重要组成部分。文字标注主要是对图纸中的一些特殊位置的尺寸和特殊材料的属性、颜色等的详细说明,同时还可以对图纸的设计方案进行详细解释。尺寸标注主要是对场景中的一些家具、结构造型等位置的详细尺寸说明。

AutoCAD 2022 原始结构图——文字标注和尺寸标注

**1. 结构图中的文字标注**

(1) 区域空间的文字标注。执行"文字(T)"命令,在弹出的"文字编辑器"选项卡中对文字内容和参数进行设置(文字:黑体;大小:125;颜色:白色),如图 7-32 所示。客厅文字标注完成后,通过执行"复制(CO)"命令将客厅字体样式复制到其他区域并修改文本内容,如图 7-33 所示。

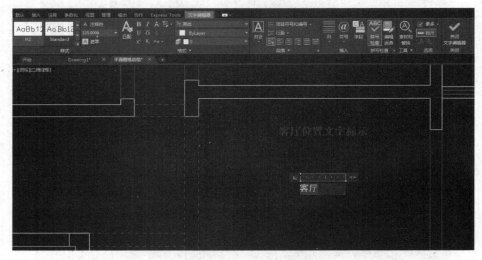

图 7-32 添加客厅文字

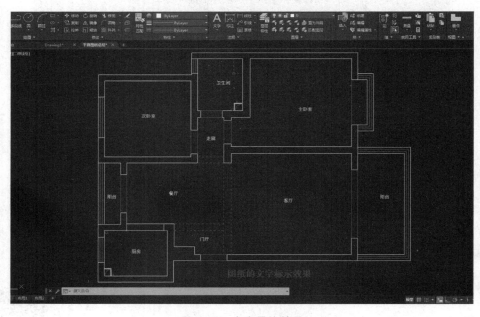

图 7-33 文字最终效果

(2) 顶梁结构的文字标注。顶梁的文字标注主要是对其高度和宽度用文字进行说明。执行"引线(LE)"标注命令,对需要标注的顶梁位置进行引线绘制,如图 7-34 所示。执行"文字(T)"命令,对顶梁部分进行文字说明(H 代表梁高,W 代表梁宽),如图 7-35 所示。

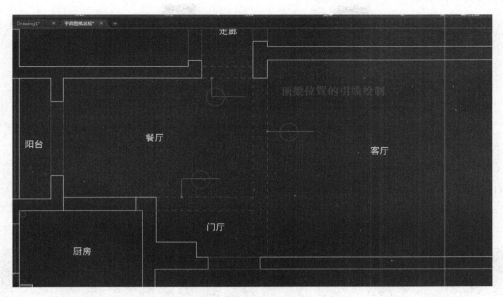

图 7-34　引线的绘制

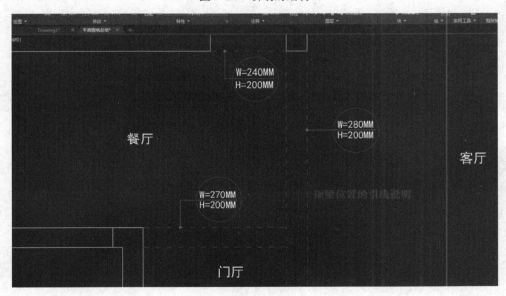

图 7-35　引线文字说明

小结：在标注文字的过程中，文字的大小一定要适合整张图纸的比例，避免造成打印后图纸中文字过大的现象。空间位置的文字大小确定后，可以通过执行"笔刷(MA)"命令对其他空间位置的文字大小进行特性匹配。

2. 结构图中的尺寸标注

(1) 修改标注样式。在进行尺寸标注之前，需要对尺寸标注的各项参数进行详细的设置。使用快捷键"D+空格"，弹出"标注样式管理器"对话框，单击"修改"按钮，弹出"修改标注样式"对话框，对话框中的具体参数设置如下。

①"线"选项卡：尺寸线和尺寸界线"颜色"项设置"颜色 8"；选择"固定长度的尺寸界线"项并将其"长度"设置为 300。

②"符号和箭头"选项卡：在"箭头"选项组中将"第一个、第二个"改为"建筑标记""引线"位置改为"点"，最后将"箭头大小"项改为 30。

③"文字"选项卡：把"文字高度"项改为 130，再把"从尺寸线偏移"项改为 30。

④"调整"选项卡：将"文字位置"处的选项改为"尺寸线上方，带引线"。

⑤"主单位"选项卡：将"线型"标注位置项的"精度"由 0.00 改为 0。

(2) 图纸上侧位置的内侧尺寸标注。因为在尺寸标注中要求每段标注线的尺寸界线高度相同，所以在标注时可以用连续标注来进行操作。打开"正交"命令，执行"线性(DLI)"标注命令对需要标注的具体位置进行标注，如图 7-36 所示。执行"连续(DCO)"标注命令依次对墙体内侧尺寸进行标注，如图 7-37 所示。

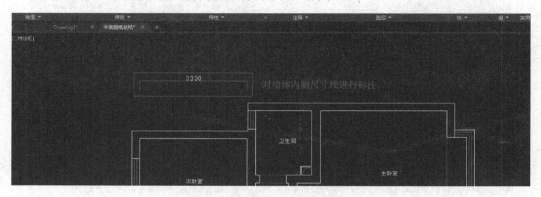

图 7-36　内侧分段的标注

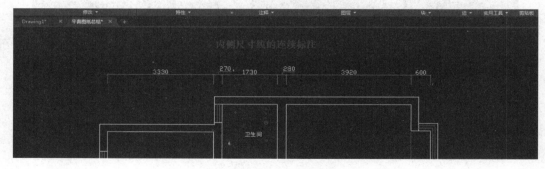

图 7-37　连续标注操作

(3) 外侧尺寸线标注。内侧标注线完成后，继续通过执行"线性(DLI)"标注命令对房屋结构的总长度予以标注，并将完成的尺寸标注放置在内侧标注线的上侧位置，最终效果如图 7-38 所示。

(4) 其他位置的尺寸线标注。在图纸的操作过程中，需要对房屋四侧位置都进行尺寸标注，以便于对图纸的整体把握和具体位置的设计。因为其他图纸的绘制都是根据原始结构图来进行的，所以这里的尺寸标注一定要精确。最终效果如图 7-39 所示。

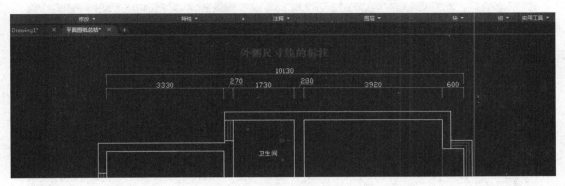

图 7-38　内侧尺寸线的标注

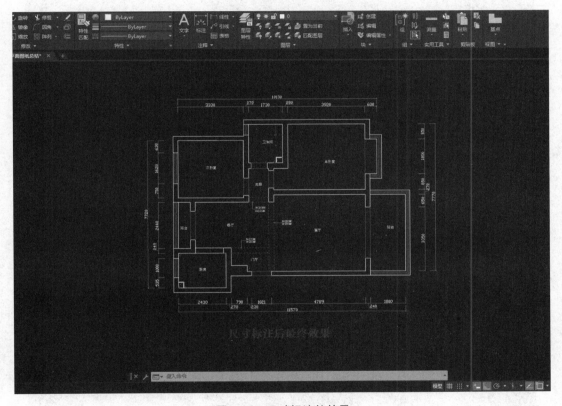

图 7-39　尺寸标注的效果

（5）空间内部尺寸标注。以上的尺寸标注都是对内侧墙体线的尺寸进行的，房屋结构中每个空间的长宽尺寸也需要进行标注，以更好地标示空间结构特点和尺寸概念。通过执行"线性(DLI)"标注命令对每个空间的内部尺寸进行标注，最终效果如图 7-40 所示。

（6）入户门口图标的放置。打开随书资源中的"第 7 章 图库整理"文件，选择入户门口人物标志，按 Ctrl+C 组合键将其复制到当前操作的 AutoCAD 文件中，通过执行"移动(M)"命令，将其放置在入户门口位置。原始结构图整体效果如图 7-41 所示。

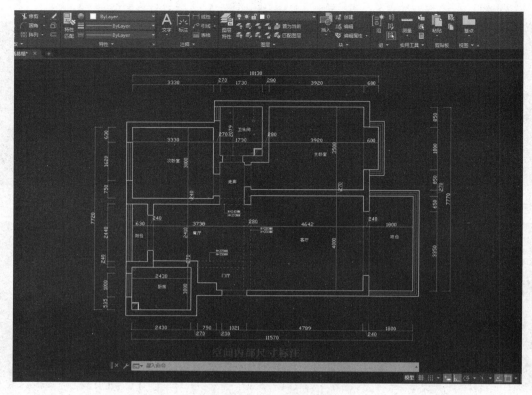

图 7-40　内部尺寸标注

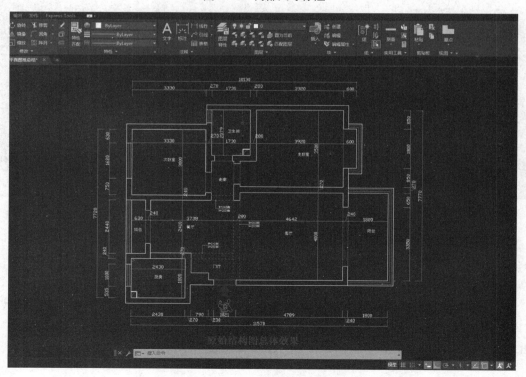

图 7-41　入户门口标志

小结：对原始结构图进行尺寸标注的过程中，可以把外围承重墙的厚度作为尺寸标注中尺寸界线的高度，在内侧位置的尺寸标注完成后打开"正交模式"对标注线进行移动。将充满屏幕的十字光标作为水平位置的参照。

# 7.3　平面布置图的绘制

## 7.3.1　平面布置图绘制的基本要求和思路

### 1. 平面布置图绘制的基本要求

平面布置图是 AutoCAD 2022 所有平面类图纸中比较重要的一张图纸。它不仅可以直观地表达设计师的整体设计方案，还可以深入地表达客户对方案图纸的具体要求。

布置图是对居住设计方案的具体表述，所以在绘制的过程中，尺寸的精确把握是图纸操作过程中重要的要求。平面布置图中的尺寸，不仅包括布置类的家具尺寸，还包括造型的设计尺寸和空间内部结构的尺寸等。因此，要熟知各种家具和空间类尺寸，为后期业主的日常生活提供最为方便和直观的感受。

### 2. 平面布置图绘制的基本思路

家居的方案布置一般分为两种情况：一部分家具用 AutoCAD 2022 具体绘制而成，如大衣柜、鞋柜和书柜等部分；另一部分家具通过 AutoCAD 的图库进行拖曳和复制，如沙发、餐桌和床体等。

软件绘制的家具部分，一般情况下都是公司的制作和施工项目。其绘制过程分为三步：第一步绘制家具的具体样式；第二步对绘制的家具进行尺寸标注；第三步对绘制的家具进行文字标注。图纸布置中的一部分家具是通过图库模型进行拖曳或复制的，在复制之前首先选择方案中所需要的家具样式，并测量和检查其尺寸是否符合人体工程学的具体要求，如果不符合就要对模型文件进行更改或者更换。操作完成后，将其复制到图纸中并放置到正确位置，最后再对其重要位置进行尺寸标注即可。

## 7.3.2　室内设计中常用家具尺寸详解

在运用 AutoCAD 2022 绘制平面图纸时一定要注意尺寸问题，尺寸也是作为室内设计师的最基本要求。对尺寸的熟练掌握和运用能够为以后实际项目的设计提供坚实的保障，也为深入的空间设计提供最基本的数据支持。

### 1. 客厅部分家具尺寸

(1) 沙发：高度为 400～450mm，坐垫的宽度为 500～600mm，这样才能保证人坐在上面时不感觉拥挤。

(2) 茶几：高度一般为 400～450mm，长度和宽度根据客厅大小设计。

(3) 电视柜：高度在 400mm 左右，宽度为 450～500mm，长度根据电视墙实际长度设计。

(4) 餐桌：标准的四人餐桌长度为 1200～1500mm，长度上把握每个人就餐时需要的宽度至少为 600mm；宽度为 750～800mm；高度为 760mm。

(5) 酒柜：高度为 2000～2400mm，宽度大于 200mm，长度根据其放置的墙面设计。

(6) 鞋柜：鞋柜的高度一般是 800mm，高度为 800mm，宽度为 300mm。

### 2. 卧室部分家具尺寸

(1) 大衣柜：宽度为 600mm，高度为 2000～2400mm，长度根据墙面尺寸具体设计。

(2) 床：床分为单人床和双人床，其长度都为 2000mm。标准的双人床宽度为 1800mm，标准的单人床宽度为 1200mm。

(3) 书柜：高度为 2000～2400mm，宽度为 300～450mm，长度根据其放置的墙面设计。

(4) 梳妆台：宽度为 600mm，高度为 760mm，长度根据其放置的墙面设计。

(5) 电脑桌：长度在 1200mm 左右，高度为 760mm，长度根据其放置的墙面设计。

### 3. 厨房/卫生间部分家具尺寸

(1) 橱柜：高度为 800mm，宽度为 600mm，长度根据厨房具体空间设计。

(2) 洗手台：宽度为 550～600mm，高度为 800mm，长度根据其放置的墙面设计。

(3) 马桶：长度在 750mm 左右，宽度在 550mm 左右。注意，马桶左右两侧的物体距离马桶不能少于 150mm。

小结：以上尺寸在讲解的时候，某些尺寸比较模糊，这是因为实际工程尺寸也是如此。其最终目的是使大家在学习的时候能够更好地掌握室内设计中常用的尺寸，为以后设计方案、工地施工等操作环节打下坚实的理论基础。

## 7.3.3 平面布置图——门的绘制

### 1. 原始结构图纸的清理

在绘制平面布置图之前，通过执行"复制(CO)"命令把原始结构图复制一份，根据平面布置图的基本要求对复制的原始结构图进行图纸清理，清理对象包含对内部尺寸标注的清理和内部顶梁结构的清理。

AutoCAD 2022 平面布置图——门、窗帘盒、客/餐厅、阳台的布置

### 2. 布置图——平开门的绘制

(1) 平开门的基线绘制。平开门是日常生活中最为常见和耐用的门板类型。以次卧室平开门的绘制为例，根据测量的尺寸数据，通过执行"直线(L)"命令绘制门板的基线位置，如图 7-42 所示。

(2) 平开门的门板绘制。通过尺寸的精确测量得知，入户门位置的平开门宽度为 921mm，门板厚度为 40mm。通过执行"直线(L)"命令依次绘制平开门的门板结构，最终效果如图 7-43 所示。

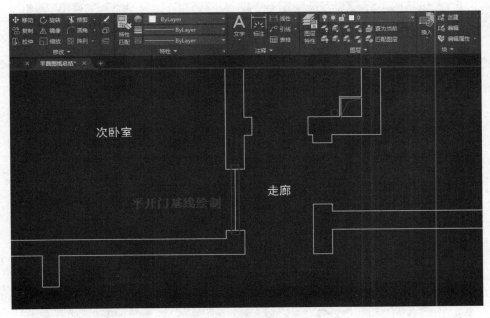

图 7-42　门基线的绘制

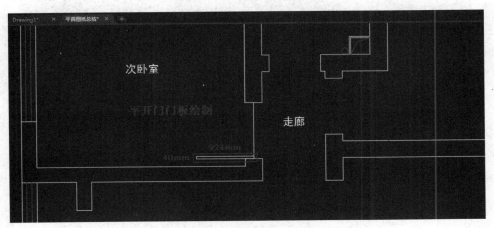

图 7-43　门板的绘制

(3) 平开门的弧线绘制。为了更为形象地表达平开门的开启路径，需要绘制平开门的开启路径线(即弧线)。通过执行"圆弧(A)"命令，在平开门的开启路径线上绘制弧线，最终绘制效果如图 7-44 所示。

(4) 平开门的线型表示。为了图纸的信息表达和区分图形结构，需要对平开门基线、平开门的门板线和弧线进行不同颜色的设置。通过功能区中的"默认"选项卡"特性"选项组中的"对象颜色"按钮设置"基线：洋红""门板线：黄色"和"弧线：绿色"，如图 7-45 所示。最终依次绘制其他位置(主卧室、次卧室和卫生间)的平开门结构，如图 7-46 所示。

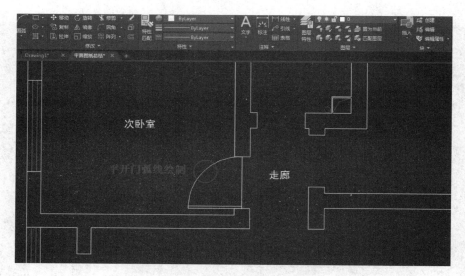

图 7-44　圆弧的绘制

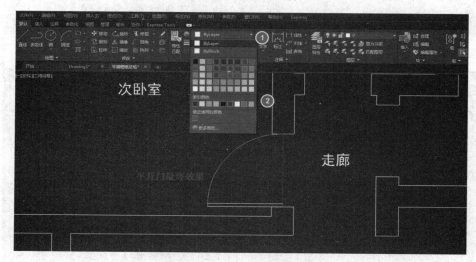

图 7-45　门的颜色设置

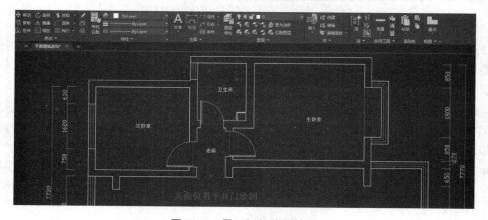

图 7-46　平开门的绘制效果

小结：在绘制平开门的过程中，一定要仔细观察测量的门板宽度数据。在绘制每个区域空间的平开门时，仔细观察和确定平开门的开启方向后，再进行具体的门板绘制。平开门一般是朝距离墙面最近的那一侧平开。

### 3. 布置图——推拉门的绘制

在平面布置图中，因为推拉门的位置尺寸不同，所以绘制的推拉门的门扇数也是不一样的。根据人体工程学数据，一般推拉门扇的宽度大于或等于 800mm，所以客厅阳台位置绘制三扇推拉门，厨房位置和餐厅阳台部分绘制两扇推拉门。

(1) 推拉门界线和门板厚度绘制。根据推拉门的具体位置，通过执行"直线(L)"命令绘制推拉门左右界线和中间垂直平分线，如图 7-47 所示。选择绘制的中间垂直线，向左右两侧方向执行"偏移(O)"距离"40mm"的操作，得到推拉门的厚度，如图 7-48 所示。

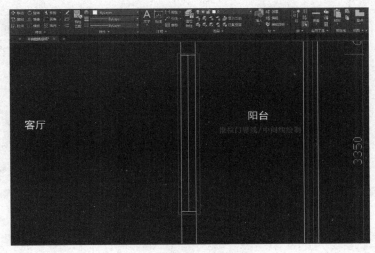

图 7-47　推拉门直线的绘制

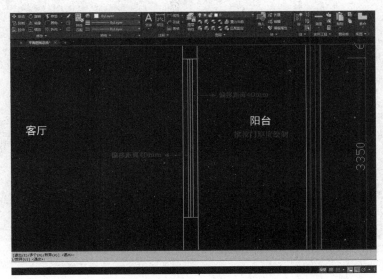

图 7-48　平开门厚度的绘制

(2) 推拉门均分操作。使用快捷键"DIV(绘制定数等分)"执行相应命令，将推拉门的长度平均分为三段。执行"直线(L)"命令捕捉划分的节点位置，向一侧方向绘制直线，直线的结束点为门板的宽度线位置，如图 7-49 所示。再根据推拉门的结构特点，通过"直线(L)""剪切(TR)"和"删除(E)"命令对图形进行最终整理，如图 7-50、图 7-51 所示。

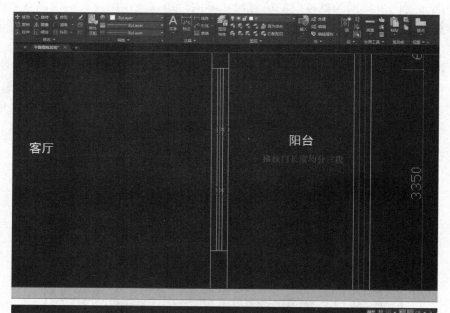

图 7-49　均分平开门的长度

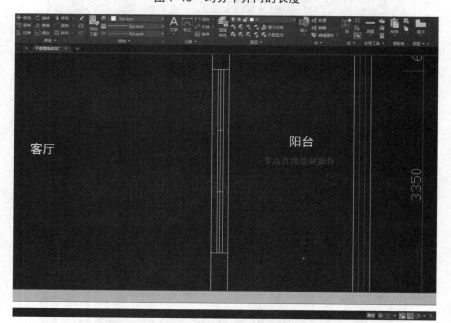

图 7-50　节点直线的操作

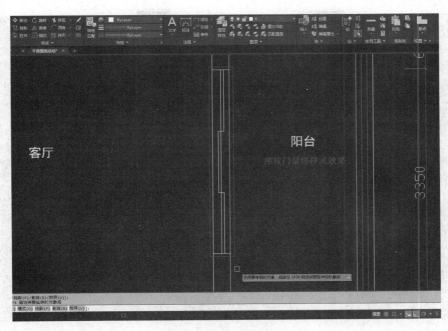

图 7-51　平开门的样式

（3）推拉门的线型表示。为了图纸的信息表达和区分图形结构，需要对推拉门进行不同颜色的设置。通过功能区中的"默认"选项卡"特性"选项组中的"对象颜色"设置"界线：灰色 8""门板线：青色"，如图 7-52 所示。最终绘制的厨房和餐厅阳台位置的推拉门结构，如图 7-53 所示。

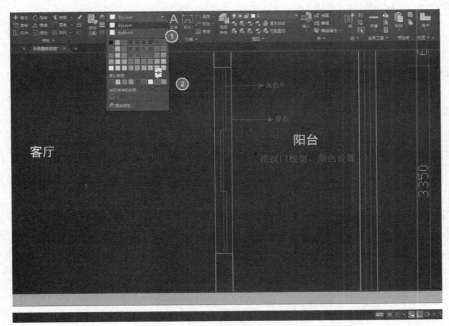

图 7-52　平开门线型的修改

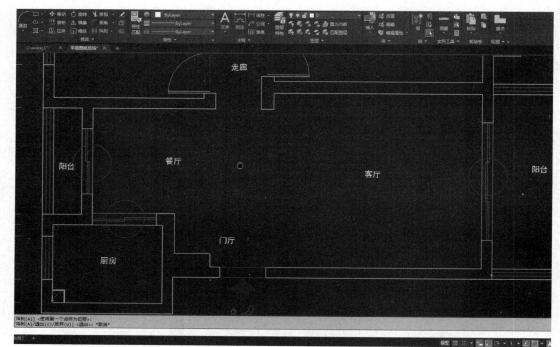

图 7-53　平开门整体效果

> **小结：** 在绘制推拉门的过程中，对"DIV(绘制定数等分)"命令的熟练运用可以达到事半功倍的效果。在设置线型的属性时，可以通过执行"笔刷(MA)"命令对其他位置的推拉门结构线进行特性匹配。

### 7.3.4　隐藏式窗帘盒的布置

隐藏式窗帘盒是家居平面设计中不可或缺的一环，它会直接影响平面图纸设计中的尺寸数据。在现实工程中，隐藏式窗帘盒宽度一般为 200mm，最后再以单独的施工工艺安装轨道式布帘和纱帘。

下面介绍窗帘盒的宽度绘制。

(1) 窗帘盒的宽度偏移。通过执行"偏移(O)"命令，将客厅阳台位置直线往内侧偏移 200mm，然后执行"延伸(EX)"命令并整理图形结构，如图 7-54 所示。尺寸界定完成后，将绘制出的直线改为灰色虚线样式，如图 7-55 所示。

(2) 窗帘模型的添加。打开随书资源中的"第 7 章 图库整理"文件，选择窗帘模型并按 Ctrl+C 组合键复制到当前操作的 AutoCAD 文件中，通过执行"移动(M)"和"旋转(RO)"命令，将其放置到窗帘盒内，如图 7-56 所示。客厅、主卧室和次卧室窗帘盒绘制效果如图 7-57 所示。

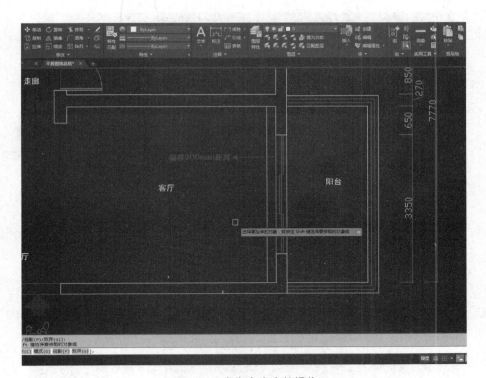

图 7-54　窗帘盒宽度的操作

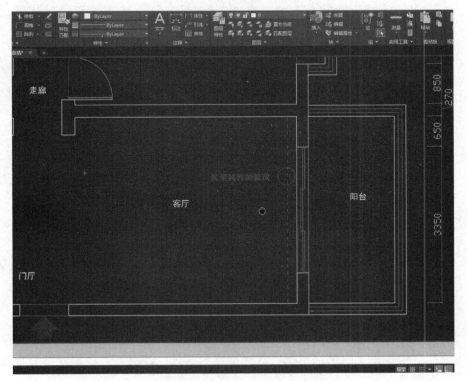

图 7-55　虚线样式的绘制

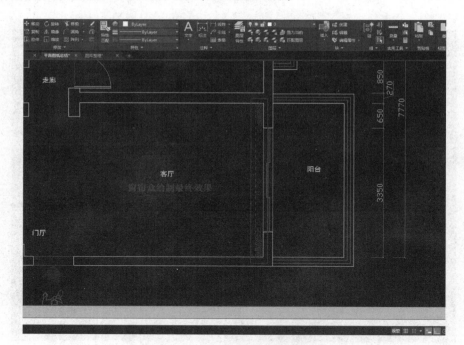

图 7-56　客厅窗帘盒的绘制效果

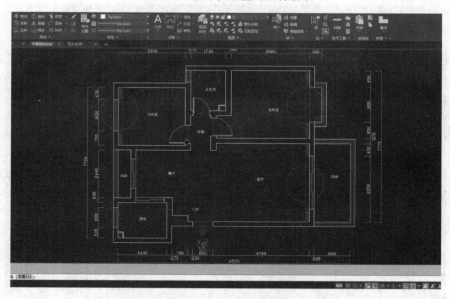

图 7-57　窗帘盒的绘制效果

## 7.3.5　客厅和阳台的平面布置

　　客厅部分设计主要是对电视墙区域和沙发背景区域的家具进行布置。电视墙位置一般情况下需要布置电视柜、空调、电视、装饰植物等家具；沙发背景墙部分主要布置沙发、角几、茶几等物品；阳台部分设计主要布置休闲椅、装饰植物和洗衣机等物品。

**1．客厅的平面布置**

（1）电视柜的样式绘制。通过执行"直线(L)"命令捕捉墙体中间点位置并绘制电视柜的宽度为 450mm，选择宽度线向两侧方向各执行"偏移(O)"距离"1300mm"的操作，图形整理后效果如图 7-58 所示。最终通过"对象颜色"按钮设置电视柜的样式线颜色为"颜色：青色"，效果如图 7-59 所示。

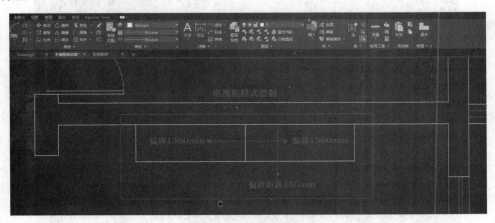

图 7-58　电视柜样式绘制

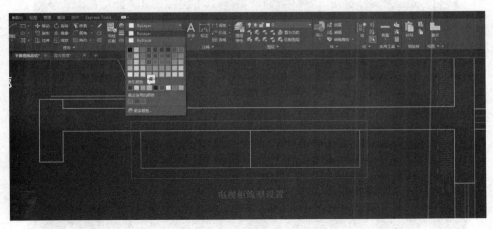

图 7-59　电视柜线型设置

（2）电视柜的尺寸标注和文字标注。通过执行"线性(DLI)"标注、"引线(LE)"标注和"文字(T)"命令对电视柜进行尺寸标注和文字标注，最终效果如图 7-60 所示。

（3）电视墙其他位置的物品布置。打开随书资源中的"第 7 章 图库整理"文件，选择电视机、装饰织物和空调等物品，按 Ctrl+C 组合键复制到当前操作的 AutoCAD 文件中，并将其放置到电视墙的正确位置，最终效果如图 7-61 所示。

（4）沙发背景墙位置的平面布置。打开随书资源中的"第 7 章 图库整理"文件，选择沙发、窗帘等物品，按 Ctrl+C 组合键复制到当前操作的 AutoCAD 文件中，并将其放置到正确的位置。通过执行"线性(DLI)"标注命令，对沙发坐垫的长、宽尺寸进行标注。客厅区域布置最终效果如图 7-62 所示。

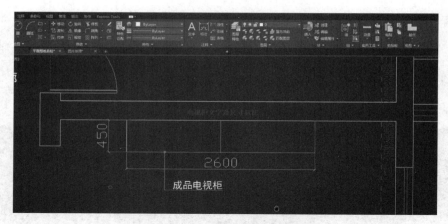

图 7-60  电视柜的文字尺寸标注

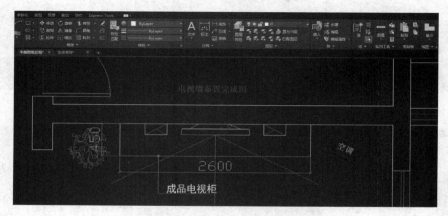

图 7-61  电视墙其他物体的布置

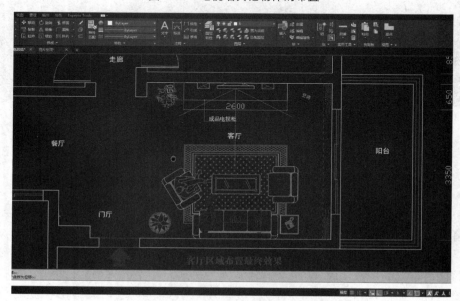

图 7-62  客厅的布置效果

小结：打开"图库整理"文件后，按 Ctrl+C 组合键选择需要的图形文件，继续按 Ctrl+Tab 键切换到操作图纸中，最后按 Ctrl+V 组合键将文件放置到图纸的正确位置即可。在操作过程中注意快捷键之间的转换。

**2. 阳台的平面布置**

阳台的平面布置比较简单。打开随书资源中的"第 7 章　图库整理"文件，选择休闲椅、装饰植物等物品，将其复制到当前操作的 AutoCAD 文件中并放置到正确位置。执行"线性(DLI)"标注命令对放置的休闲椅和洗衣机进行尺寸标注，如图 7-63 所示。

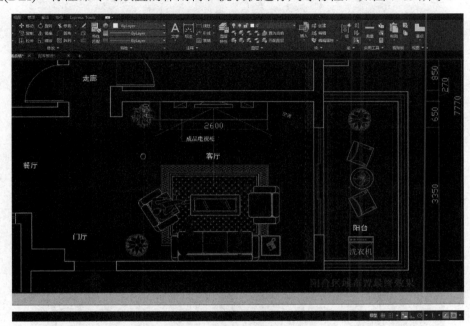

图 7-63　阳台的布置效果

## 7.3.6　门厅和餐厅的平面布置

### 1. 门厅的鞋柜布置

(1) 鞋柜的范围线绘制。图纸中门厅鞋柜的位置比较特殊，在本案例中需要把鞋柜做得宽一些，在满足放鞋子的同时上柜还能挂衣服。选择鞋柜位置的左侧线和下侧线，分别执行"偏移(O)"距离"600mm"和"910mm"的操作，如图 7-64 所示。

(2) 鞋柜的层板线绘制。根据绘制的鞋柜范围线，通过执行"矩形(REC)"命令绘制鞋柜的最外侧范围线。绘制完成后，通过执行"偏移(O)"距离"20mm"的操作得到鞋柜的层板线，如图 7-65 所示。

(3) 鞋柜的空洞线绘制和颜色设置。鞋柜的内部结构为空洞的柜板区域，通过执行"直线(L)"命令绘制内部空洞线，如图 7-66 所示。绘制完成后，通过"对象颜色"按钮设置鞋柜的层板线为"外侧颜色：青色；内侧颜色：灰色 8；空洞线：虚线"，最终效果如图 7-67 所示。

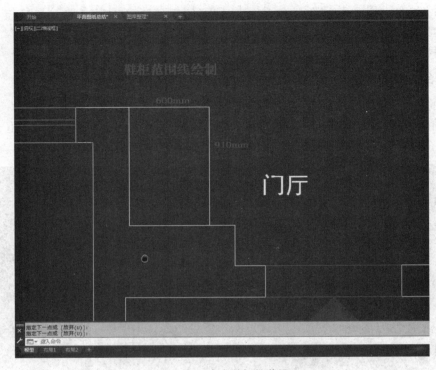

图 7-64  确定鞋柜的范围

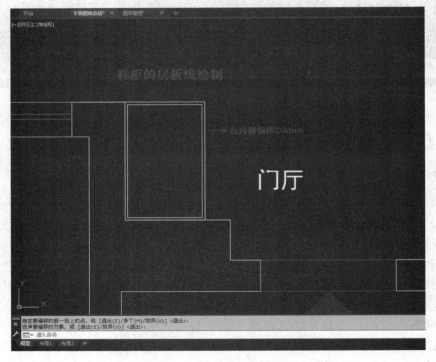

图 7-65  确定鞋柜层板厚度

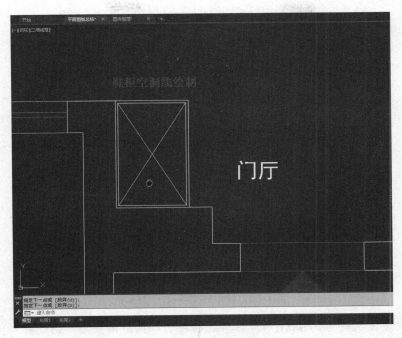

图 7-66　鞋柜的样式确定

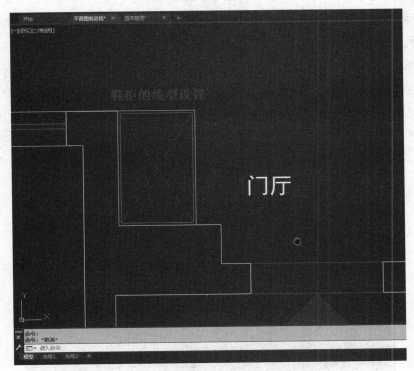

图 7-67　鞋柜的线型设置

　　(4)　鞋柜的尺寸标注和文字标注。通过执行"线性(DLI)"标注、"引线(LE)"标注和"文字(T)"命令对鞋柜进行尺寸、文字标注，最终效果如图 7-68 所示。

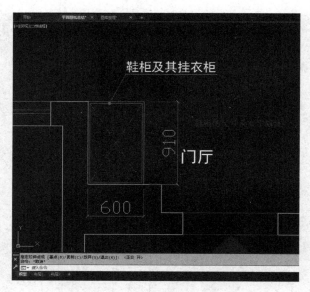

图 7-68　鞋柜的文字及尺寸标注

> **小结**：在通过执行"偏移(O)"操作得到鞋柜的外围范围线后，用"矩形(REC)"命令绘制外围范围线是为后面"偏移(O)"鞋柜层板厚度做准备，这样操作的优点是减少中间操作的环节和步骤，加快制图的速度。

### 2. 餐厅及阳台的平面布置

餐厅及阳台的平面布置主要是对餐桌和阳台冰箱的家具布置。打开随书资源中的"图库整理"文件，选择餐桌、冰箱物品，将其复制到操作的 AutoCAD 文件中并放置到正确的位置。执行"线性(DLI)"标注命令对放置的餐桌进行尺寸标注，如图 7-69 所示。

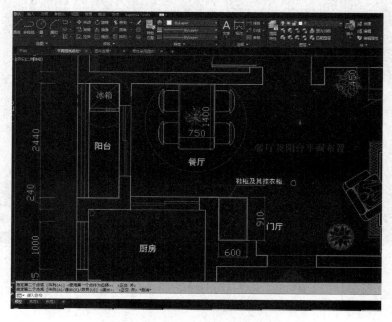

图 7-69　餐厅及阳台的平面布置

## 7.3.7　主、次卧室的平面布置

AutoCAD 2022
平面布置图——
主/次卧、厨房、
卫生间的布置

在日常的家庭生活中，主卧室和次卧室一般为居家主人的私密场所。主、次卧室除满足人们的正常休息功能外，还要保证有基本的储藏空间以放置日常衣物和被褥等物品。因此，主、次卧室的平面设计主要是对床、大衣柜、梳妆台、窗帘等家具的基本布置。

**1. 主卧室的平面布置**

(1) 衣柜的范围线绘制。根据测量的尺寸数据，确定主卧室的大衣柜尺寸为"长度：2349mm"。选择衣柜位置的左侧线和上侧线，分别执行"偏移(O)"距离"600mm"和"2349mm"的操作，如图 7-70 所示。

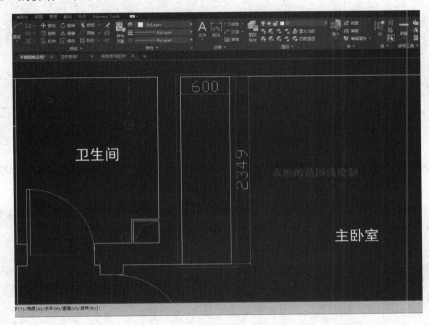

**图 7-70　确定衣柜的范围**

(2) 衣柜的层板线绘制。根据绘制的衣柜范围线，通过执行"矩形(REC)"命令绘制衣柜最外侧范围线。绘制完成后，通过执行"偏移(O)"距离"20mm"的操作得到衣柜的层板线，最后选择图纸中多余的直线执行"删除(E)"操作即可，效果如图 7-71 所示。

(3) 挂衣架的放置和衣柜颜色设置。打开随书资源中的"第 7 章 图库整理"文件，选择挂衣架物品，将其复制到图纸中并放置到衣柜的正确位置，如图 7-72 所示。通过"对象颜色"按钮设置衣柜的层板线为"外侧颜色：青色；内侧颜色：灰色 8"，最终效果如图 7-73 所示。

(4) 衣柜的尺寸标注和文字标注。通过执行"线性(DLI)"标注、"引线(LE)"标注和"文字(T)"命令对衣柜进行尺寸及文字标注，最终效果如图 7-74 所示。

(5) 梳妆台的样式绘制和颜色设置。选择窗帘盒尺寸线，向右侧方向执行"偏移(O)"距离"1000mm"的操作，得到梳妆台的左右尺寸界线。选择梳妆台下侧墙体线，向上侧

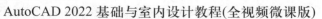

方向执行"偏移(O)"距离"600mm"的操作,得到梳妆台的宽度线。图形整理后效果如图 7-75 所示。通过"对象颜色"按钮设置梳妆台范围线为"颜色:青色"。

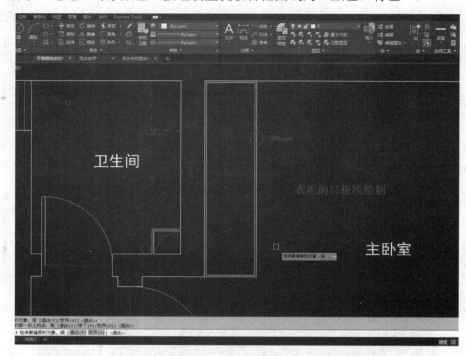

图 7-71　确定衣柜层板厚度

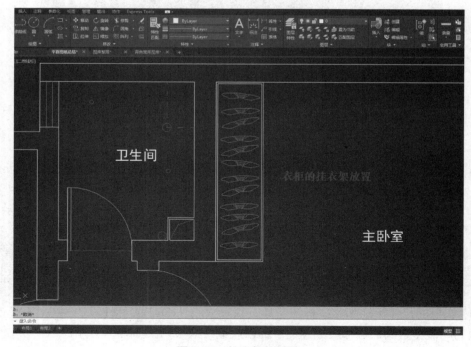

图 7-72　挂衣架的摆放

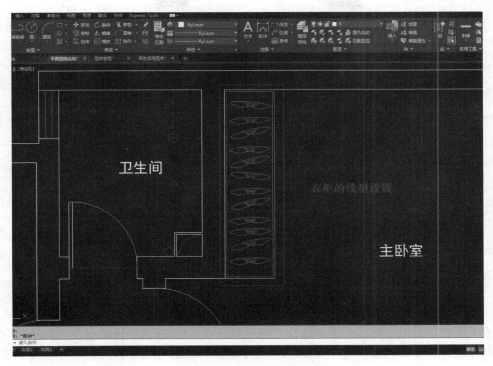

图 7-73　衣柜的线型修改

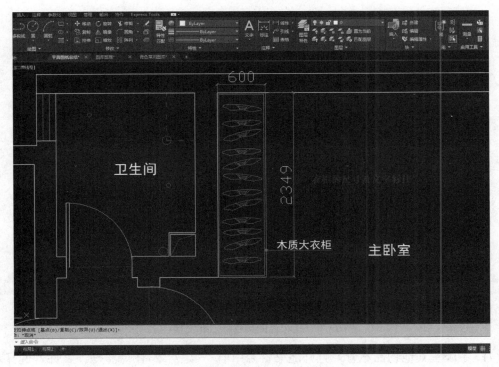

图 7-74　衣柜的尺寸及文字标注

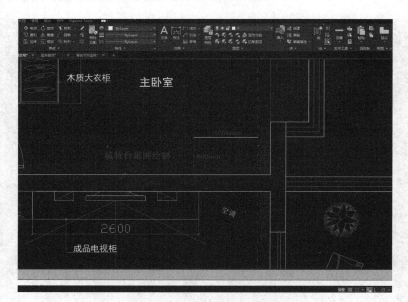

图 7-75　梳妆台的样式绘制

(6) 梳妆台的尺寸标注和文字标注。通过执行"线性(DLI)"标注命令，对梳妆台的长和宽尺寸进行标注。通过执行"文字(T)"命令对梳妆台进行文字标注。尺寸标注和文字标注后最终效果如图 7-76 所示。

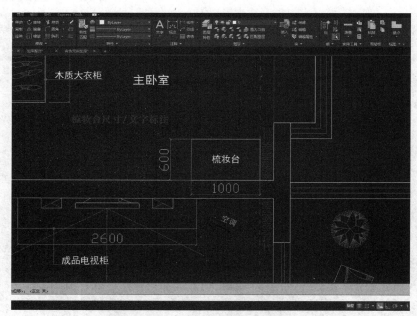

图 7-76　梳妆台的尺寸标注和文字标注

(7) 主卧室其他物品布置。打开随书资源中的"第 7 章 图库整理"文件，选择双人床、窗帘、椅子等物体模型，将其复制到当前操作的 AutoCAD 文件中并放置到正确的位置。执行"线性(DLI)"标注命令对放置的双人床进行长、宽尺寸标注，如图 7-77 所示。

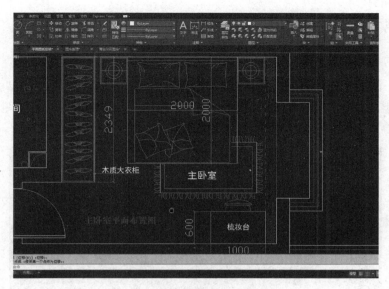

图 7-77　主卧室的平面布置

**小结：** 如果复制的挂衣架模型放到衣柜中大小不合适，可以通过执行"剪切(TR)"
"延伸(EX)"和"删除(E)"等命令对挂衣架模型进行图形整理。从图库中复制的 CAD 家
具模块放置到设计图纸后，切记对其进行最终的尺寸标注。

### 2. 次卧室的平面布置

在次卧室的平面布置图中，要注意双人床的尺寸和大衣柜的长度尺寸与主卧室是有区
别的。在绘制的过程中注意对次卧室进行装饰植物的布置，以丰富图纸的信息和结构。次
卧室的平面布置最终如图 7-78 所示。

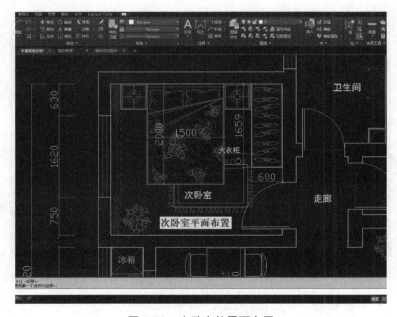

图 7-78　次卧室的平面布置

### 7.3.8 厨房和卫生间的平面布置

#### 1. 厨房的平面布置

(1) 橱柜的样式绘制和颜色设置。根据空间结构确定橱柜的绘制位置后，通过执行"偏移(O)"距离"600mm"的操作得到橱柜的宽度线位置，图形整理后如图 7-79 所示。样式绘制完成后，通过"对象颜色"按钮设置橱柜范围线为"颜色：青色"。

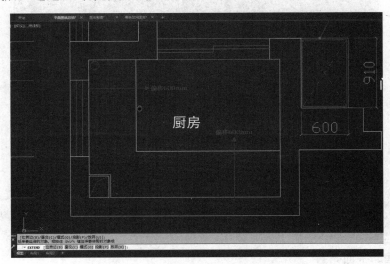

图 7-79　橱柜的位置确定

(2) 橱柜的尺寸标注和其他物品的布置。通过执行"线性(DLI)"标注命令对橱柜长、宽进行尺寸标注，如图 7-80 所示。打开随书资源中的"图库整理"文件，选择洗菜盆等物品，将其复制到操作的图纸中并放置到正确位置，如图 7-81 所示。

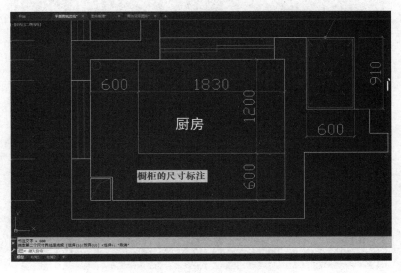

图 7-80　橱柜的尺寸标注

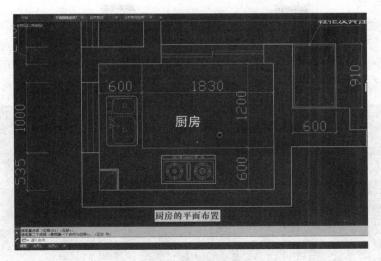

图 7-81　厨房的布置图

2. 卫生间的平面布置

(1) 洗手台的样式绘制和颜色设置。根据空间结构确定洗手台的放置位置，选择洗手台位置右侧和下侧的墙体线，分别执行"偏移(O)"距离"600mm"和"1000mm"的操作，图形整理后如图 7-82 所示。通过"对象颜色"按钮设置洗手盆范围线为"颜色：青色"。

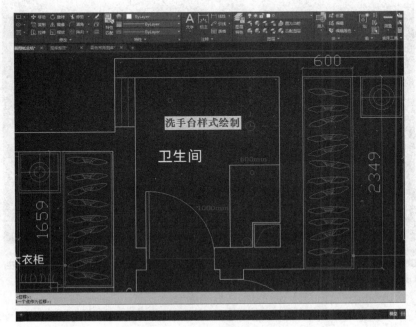

图 7-82　洗手台的位置确定

(2) 洗手台尺寸标注和卫生间其他物品的布置。通过执行"线性(DLI)"标注命令对布置的洗手盆进行长、宽尺寸标注,如图 7-83 所示。打开随书资源中的"图库整理"文件,选择马桶、花洒等物品,将其复制到图纸中并放置到正确位置,如图 7-84 所示。最终整个户型的室内平面布置图完成,如图 7-85 所示。

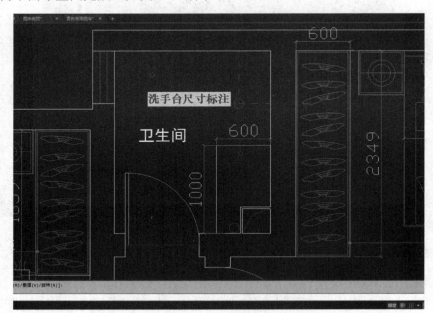

图 7-83 洗手台的尺寸标注

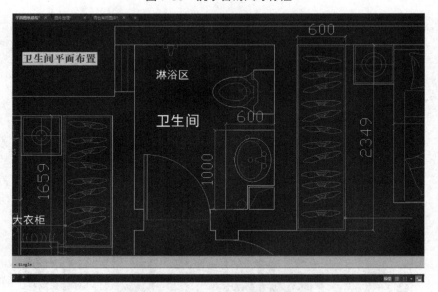

图 7-84 卫生间的平面布置

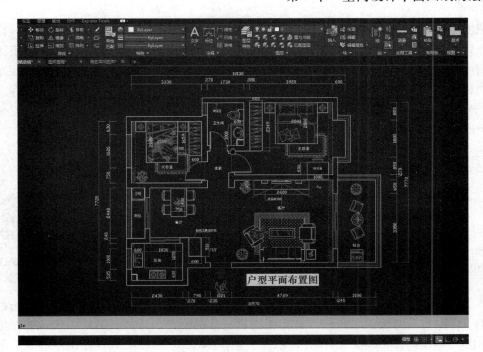

图 7-85　平面布置图

小结：在对卫生间空间结构进行平面布置时，马桶放置在马桶下水口位置处是固定不变的。如果必须对马桶位置进行移动，可以安装马桶移位器，但是移动的距离也是非常有限的。尽量不要对马桶位置进行移动，以免出现下水管道堵塞的情况。

# 7.4　顶面布置图和顶面尺寸图的绘制

## 7.4.1　顶面图纸的组成部分和绘制要求

### 1. 顶面图纸的组成部分

顶面图纸的绘制是室内设计方案中比较重要的一环，它不仅关系到室内设计方案的完整性，还牵扯到设计方案在具体施工中的现实问题。顶面图纸由两部分组成，一部分是顶面的布置图纸，一部分是顶面的尺寸图纸。

顶面布置图纸主要是针对房屋结构中顶面设计方案的绘制，是后期工程采购和工程施工的基础组成部分，在整个图纸的绘制和工程的实施过程中起着较为基础的作用。顶面尺寸图主要是对顶面布置图的具体尺寸解释，以精细的尺寸概念给客户和施工人员展现顶面的设计方案和顶面的设计效果。

### 2. 顶面图纸的绘制要求

顶面图纸主要是展现房屋结构中的顶面设计方案。方案图纸中的信息表达不仅要完善，而且要详细，让客户和施工方能清楚地看到顶面方案中的空间结构和尺寸数据，为整体设计方案的顺利实施提供强大的图纸保障。

图纸结构中每个空间区域的顶面信息一般包含以下几个方面：顶面的灯布置、顶面的吊顶布置、顶面的饰面布置和顶面的标高布置。在顶面的灯布置环节，要清楚地表达每一个空间用灯的基本类型，如吊灯、吸顶灯、暗藏灯带、节能射灯等。在顶面的吊顶布置环节要清楚地表达空间区域的吊顶类型，如石膏板吊顶、扣板吊顶等。在顶面的饰面布置环节要清楚地表达顶的饰面类型，例如乳胶漆饰面、壁纸饰面等。标高就是对吊顶下侧面到地面的距离进行的高度说明。

## 7.4.2　客厅和阳台的顶面布置

### 1. 原始结构图纸的清理

　　在绘制顶面布置图之前，通过执行"复制(CO)"命令把原始结构图复制一份，根据顶面布置图的基本要求对原始结构图进行图纸清理，清理对象包含对内部尺寸标注的清理和内部管道图形的清理。

AutoCAD 2022
顶面布置图——
客/餐厅、走廊、
阳台布置

### 2. 客厅位置的顶面布置

　　(1) 客厅的石膏板吊顶布置。首先绘制窗帘盒的位置，选择右侧墙体线，向左侧执行"偏移(O)"距离"200mm"的操作。执行"矩形(REC)"命令绘制客厅吊顶的最外侧范围线，选择范围线，执行"偏移(O)"距离"450mm"的操作，得到客厅吊顶的宽度线位置，如图 7-86 所示。

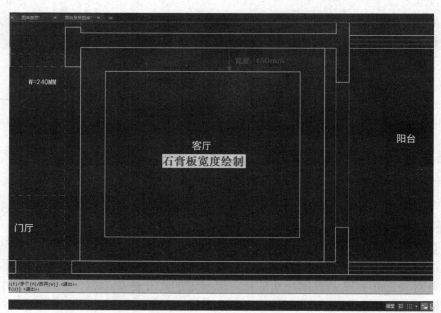

图 7-86　确定吊顶宽度

　　(2) 客厅的灯布置。选择石膏板吊顶的宽度线，向外侧方向执行"偏移(O)"距离"50mm"的操作，绘制吊顶的暗藏灯带线位置。选择暗藏灯带线，对其进行"对象颜色：红色""线型：03W100"和"线型比例：5"的设置，如图 7-87 所示。打开随书资源中的"第 7 章　图库整理"文件，选择吊灯和射灯模型，将其复制到图纸中并放置到正确的位置(射灯之间距离为 1200mm，吊灯在 450mm 轮廓线中心位置)，如图 7-88 所示。

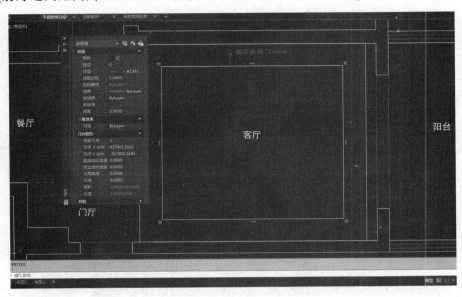

图 7-87　暗藏灯带的绘制

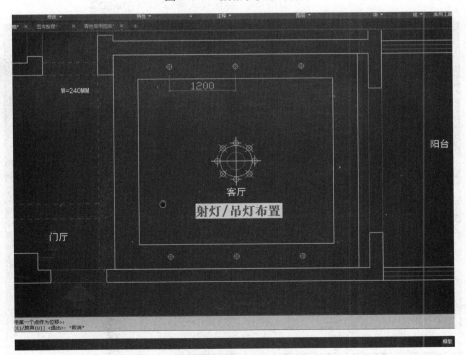

图 7-88　客厅的灯布置

(3)　客厅的饰面布置和标高布置。客厅顶面为白色乳胶漆饰面，其房屋总体高度为 2600mm。通过执行"直线(L)"命令绘制标高样式线，通过"对象颜色"按钮设置样式线

"颜色：绿色"，如图 7-89 所示。执行"文字(T)"命令，对顶面的饰面类型和房屋高度数据进行文字说明，最终效果如图 7-90 所示。

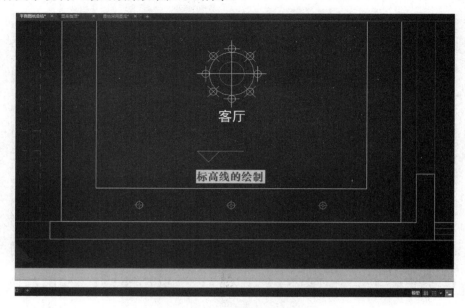

图 7-89　标高样式线

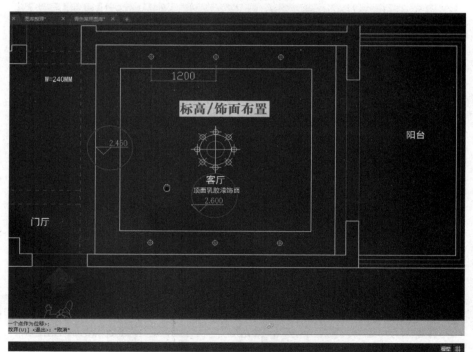

图 7-90　饰面和标高的布置

（4）客厅吊顶的引线标注。顶面布置图中，对绘制的顶面类型和图标样式需要进行文字说明。通过执行"引线(LE)"标注命令，对客厅吊顶部分需要引线说明的部分进行引线绘制，如图 7-91 所示。执行"文字(T)"命令对引线部分进行文字说明，最后通过"对象颜色"按钮设置石膏板内侧线为"颜色：青色"，最终效果如图 7-92 所示。

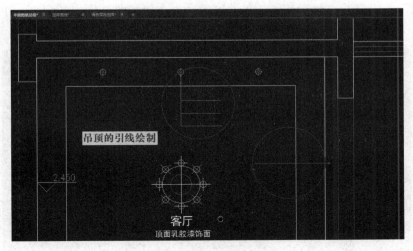

图 7-91　引线样式的绘制

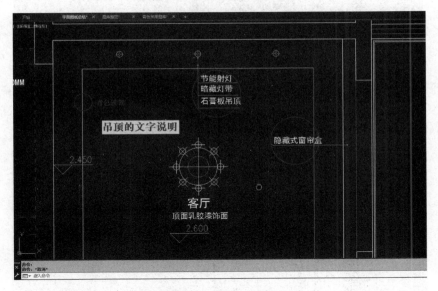

图 7-92　引线文字说明

**小结**：客厅的石膏板宽度尺寸为 450mm，石膏板厚度和放置暗藏灯带的空隙高度之和为 150mm，所以客厅石膏板位置的标高为 2450mm。标高数据就是标高样式的绿色箭头所指位置距离地面的高度。

### 3. 阳台位置的顶面布置

本结构图纸中有两个阳台的区域位置，一个是客厅阳台部分，一个是餐厅阳台部分。本案例以客厅阳台为例进行顶面布置的讲解。

(1) 阳台的石膏线吊顶布置。阳台位置的吊顶一般情况下都是用石膏线进行处理的。

AutoCAD 2022 基础与室内设计教程(全视频微课版)

首先通过执行"矩形(REC)"命令，得到石膏线的最外围范围线。依次向内侧执行"偏移(O)"距离"30mm"和"20mm"的操作，得到两条石膏样式线。选择石膏样式线，通过"对象颜色"按钮将其内侧和外侧颜色分别改为"内侧颜色：索引颜色-8，外侧颜色：索引颜色-青"，最终效果如图 7-93 所示。

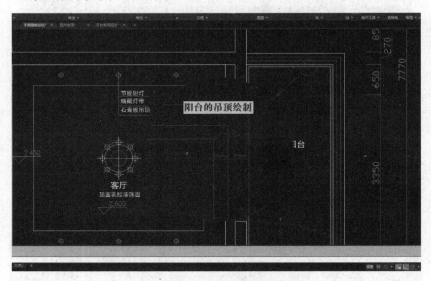

图 7-93　石膏线的绘制

(2)　阳台灯、饰面和标高布置。打开随书资源中的"图库整理"文件，选择吸顶灯模型，将其复制到图纸中并放置到正确位置。选择客厅吊顶部分的饰面说明和标高，通过执行"复制(CO)"命令将其放置在阳台吊顶正确位置，最终效果如图 7-94 所示。

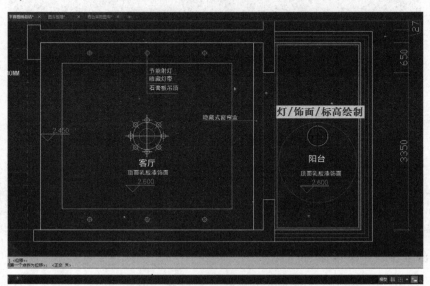

图 7-94　饰面和标高绘制

(3)　阳台吊顶的引线标注。执行"引线(LE)"标注命令，对阳台石膏线吊顶部分进行引线绘制，执行"文字(T)"命令对引线位置进行文字说明，效果如图 7-95 所示。餐厅阳台的绘制跟客厅阳台类似，这里就不一一演示了。

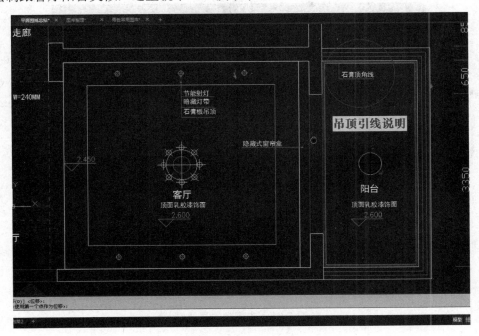

图 7-95　引线说明

小结：在绘制阳台部分石膏线吊顶样式时，石膏线样式的偏移距离没有特别的精确数据，绘制大概的图形样式代表石膏线样式即可。在其他区域的顶面图纸绘制中，像顶面的饰面、标高和引线说明等图形样式可以通过复制操作，以加快图纸的制作速度。

## 7.4.3　走廊和餐厅的顶面布置

在本案例的顶面设计方案中，走廊位置全部是石膏板吊顶，石膏板中间部分根据走廊的总长度进行等段划分，其划分位置就是走廊的石膏板漏缝位置。餐厅部分也是石膏板吊顶，根据餐桌的尺寸进行样式吊顶，石膏板吊顶内侧放置外翻的暗藏灯带。

### 1. 走廊的顶面布置

(1) 走廊吊顶左侧界线绘制。走廊吊顶的右侧界线即顶梁位置，左侧界线根据图纸的需要通过执行"直线(L)"命令绘制得到，如图 7-96 所示。继续通过执行"剪切(TR)"和"删除(E)"命令对走廊吊顶范围内的图形进行最终整理，如图 7-97 所示。

(2) 走廊的石膏板吊顶布置。根据走廊的总长度，通过执行"DIV(绘制定数等分)"命令，将走廊总长度均分为 5 段(画一条总长度直线，然后均分该直线得到 4 个均分节点)。执行"线(L)"命令捕捉划分的节点位置，向一侧方向绘制直线，直线的结束点为走廊另一侧界线位置，如图 7-98 所示。

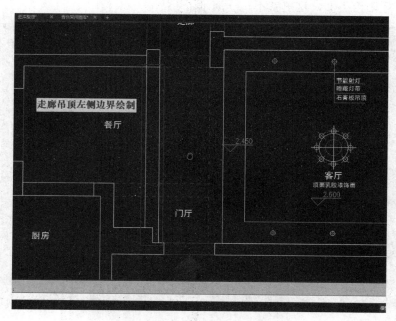

图 7-96　走廊的边界绘制

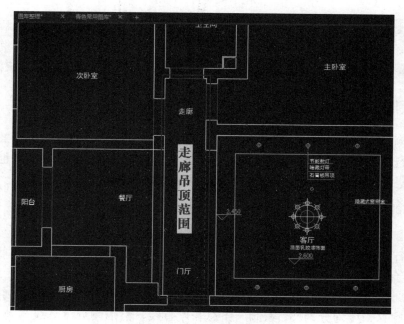

图 7-97　吊顶的范围确定

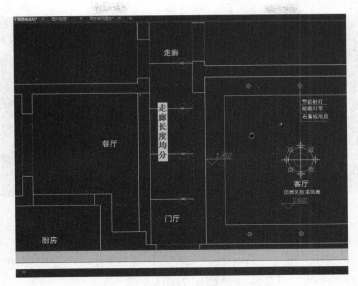

图 7-98　走廊长度均分操作

(3) 走廊的灯布置、饰面布置和标高布置。在走廊吊顶的分段区域，布置射灯以增加场景的灯光亮度和层次。通过执行"复制(CO)"和"移动(M)"命令将客厅射灯模型复制到走廊位置，最终效果如图 7-99 所示。继续通过执行"复制(CO)"和"文字(T)"命令，对走廊吊顶的饰面和标高进行布置，如图 7-100 所示。

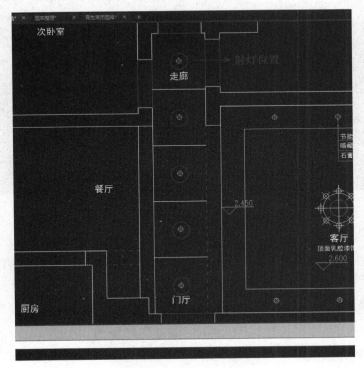

图 7-99　走廊的灯布置

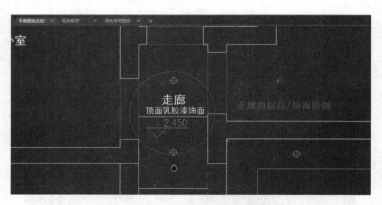

图 7-100　饰面和标高的布置

　　(4)　走廊吊顶的引线说明。执行"引线(LE)"标注命令，对走廊和门厅石膏板需要说明的部分进行引线绘制，执行"文字(T)"命令对引线位置进行文字说明。通过"对象颜色"修改分段线为"青色"，最终效果如图 7-101 所示。

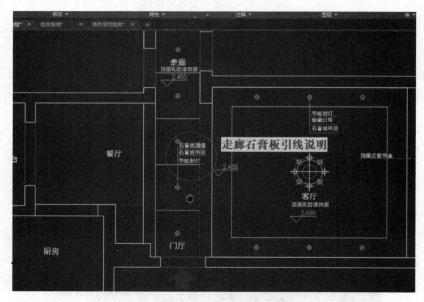

图 7-101　引线说明

　　小结：在对走廊总长度进行均分 5 段操作时，因为走廊的左右界线都不是独立的直线，可以事先通过执行"直线(L)"命令，在走廊的界线位置绘制一条总长度线，通过执行"DIV(绘制定数等分)"操作把走廊长度均分为 5 段。

　　**2. 餐厅的顶面布置**

　　(1)　餐厅的石膏板吊顶布置。通过执行"直线(L)"命令，捕捉墙体线 2460mm 段的中间点向下绘制 1600mm 直线，得到餐厅石膏板吊顶的长度。选择绘制的长度线，向两侧方向执行"偏移(O)"距离"600mm"的操作得到石膏板吊顶 1200mm 的宽度，图形整理后效果如图 7-102 所示。

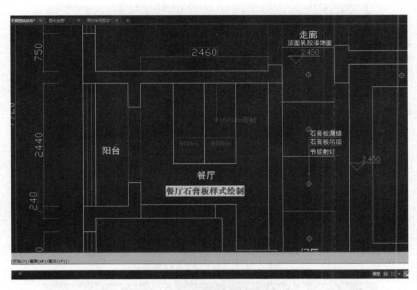

图 7-102　石膏板的样式绘制

　　(2)　餐厅的灯布置。选择餐厅吊顶的外围线,执行"偏移(O)"距离"50mm"的操作得到暗藏灯带线并进行图形整理,并通过"笔刷(MA)"命令和客厅的暗藏灯带线进行特性匹配,如图 7-103 所示。打开随书资源中的"第 7 章 图库整理"文件,选择餐厅灯物品,将其复制到当前图纸中并放置到正确位置,最后修改石膏板和中线颜色为"青色"和"灰色:8",最终效果如图 7-104 所示。

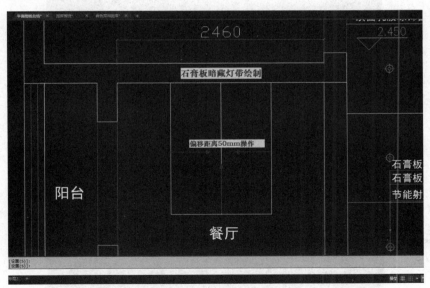

图 7-103　暗藏灯带的绘制

　　(3)　餐厅的饰面、标高布置和引线说明。通过执行"复制(CO)"和"移动(M)"命令对餐厅位置的饰面和标高进行布置,效果如图 7-105 所示。执行"引线(LE)"标注和"文字(T)"命令,对餐厅石膏板位置需要说明的部分进行引线说明,如图 7-106 所示。

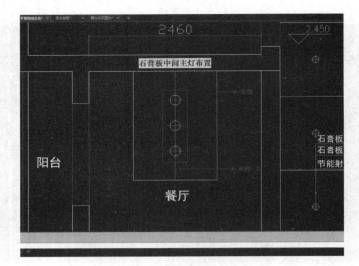

图 7-104　餐厅的吊灯布置

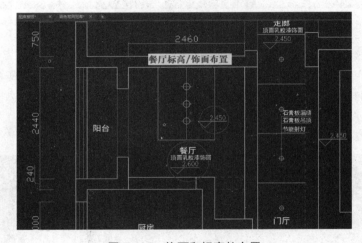

图 7-105　饰面和标高的布置

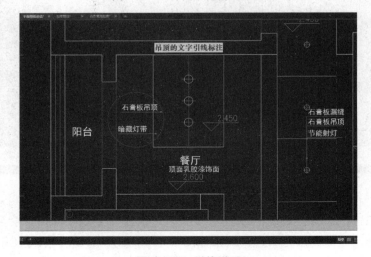

图 7-106　引线说明

小结：餐厅的石膏板吊顶布置中，注意石膏板吊顶的长、宽尺寸。在进行灯、饰面布置时，可以选择其他位置的文字说明和标高样式，通过执行"复制(CO)"和"移动(M)"命令对其进行操作，以加快制图速度。

## 7.4.4　主、次卧室的顶面布置

AutoCAD 2022
顶面布置图——
主/次卧、厨房、
卫生间布置

主卧室和次卧室的顶面布置以简单大方为主，主要是针对顶面的灯、饰面、标高和石膏线进行布置。本案例比较特殊的地方就是在主卧室的门口位置有一处石膏板吊顶布置。

### 1. 主卧室的顶面布置

(1) 主卧室窗帘盒和石膏线吊顶布置。窗帘盒绘制方法跟客厅类似。确定卧室石膏线位置后，通过执行"矩形(REC)"命令绘制石膏线的总范围线。绘制完成后，依次执行"偏移(O)"距离"30mm"和"20mm"的操作得到石膏线的样式线，修改内、外侧样式线颜色分别为"灰色：8"和"青色"，如图 7-107 所示。

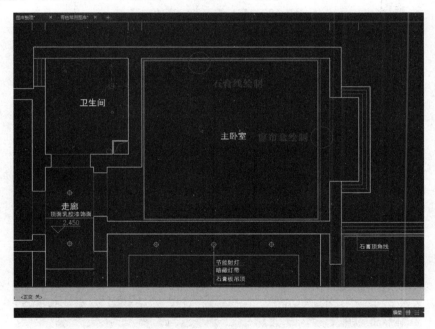

图 7-107　石膏线的绘制

(2) 主卧室吊灯、饰面和标高布置。打开随书资源中的"第 7 章 图库整理"文件，选择卧室灯和射灯图形，将其复制到图纸中并放置到正确的位置。选择其他位置的标高和饰面说明，通过执行"复制(CO)"和"移动(M)"命令将其放置到主卧室正确位置，如图 7-108 所示。

(3) 主卧室引线说明。对主卧室顶面吊顶类型进行分析后，执行"引线(LE)"标注和"文字(T)"命令，对主卧室石膏线和石膏板吊顶需要说明的部分进行引线说明，最终效果如图 7-109 所示。

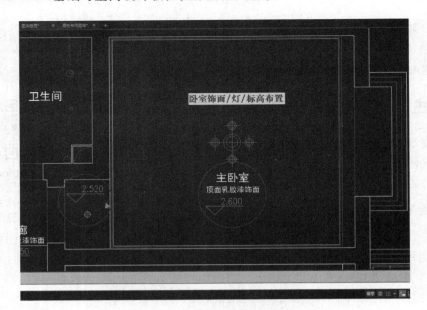

图 7-108　灯、饰面和标高的布置

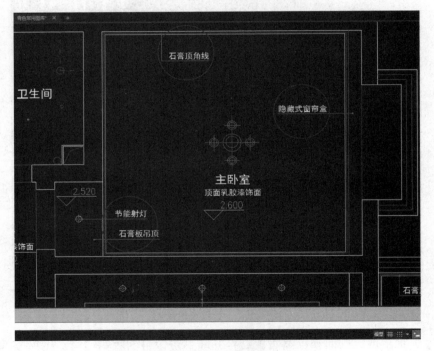

图 7-109　引线说明

　　**小结:** 在对主卧室吊顶部分进行标高布置时，要注意门口石膏板吊顶位置的标高数据含义。因为主卧室主空间采用石膏线吊顶，而石膏线的高度为 80mm，所以门口石膏板吊顶位置的标高数据为 2520mm。

### 2. 次卧室的顶面布置

次卧室的顶面布置主要包括对顶面吊灯、石膏线、饰面和标高的布置。其操作的方法和流程可以参考主卧室的顶面布置。次卧室的顶面布置效果如图 7-110 所示。

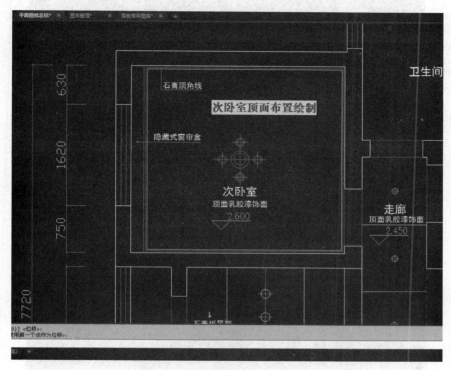

图 7-110　次卧室的顶面布置

## 7.4.5　厨房和卫生间的顶面布置

厨房和卫生间的顶面布置主要是对顶面铝扣板吊顶、顶面灯和标高的布置。实际的卫生间和厨房吊顶材料主要有塑钢扣板、铝扣板和防水石膏板。

### 1. 厨房的顶面布置

(1) 厨房饰面说明、标高和灯布置。打开随书资源中的"第 7 章 图库整理"文件，选择"LED 灯"模型和"标高样式"图形(通过执行"复制(CO)"和"移动(M)"命令)，将其放置在厨房正确位置处并修改文字内容，最终效果如图 7-111 所示。

(2) 厨房铝扣板吊顶布置。铝扣板材料尺寸规格一般为 300mm×300mm，厨房吊顶部分要满铺铝扣板。使用快捷键"H+空格"调用相应命令，在弹出的"图案填充编辑器"选项卡中设置"图案：NET""颜色：8"和"比例：100"，然后单击拾取需要填充的区域并填充，如图 7-112 所示。

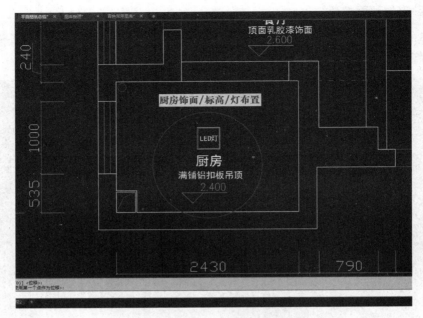

图 7-111　饰面、标高和灯的布置

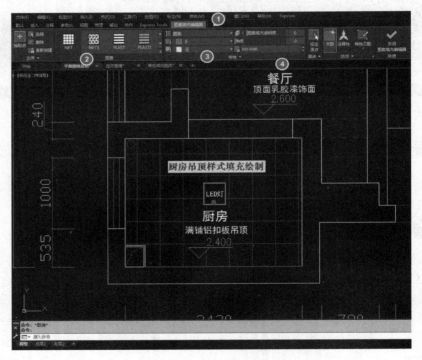

图 7-112　厨房吊顶的布置

小结：在厨房顶面布置的操作流程中，因为图案填充的图案对内部物体有捕捉其外围轮廓的功能，所以首先要对顶面的饰面、吊灯和标高进行布置，这样填充的图案就会自动避开空间的内部物体，使图纸更加清晰明了。

### 2. 卫生间的顶面布置

卫生间的顶面布置是指主要对顶面的铝扣板、顶面灯和顶面的标高进行布置，效果如图 7-113 所示。顶面布置完成后整体效果如图 7-114 所示。

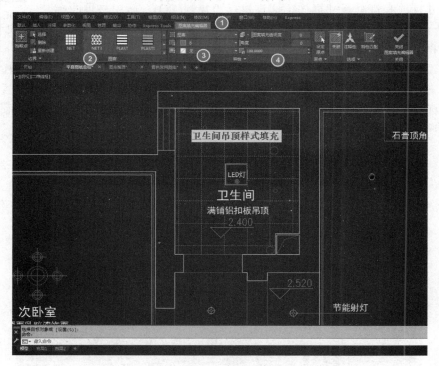

图 7-113　卫生间的吊顶布置

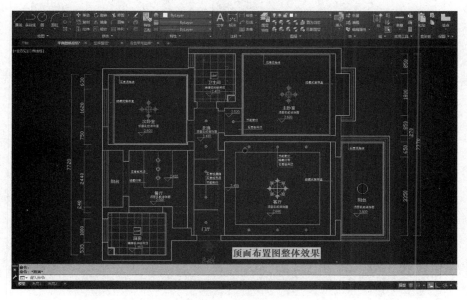

图 7-114　顶面布置图

### 7.4.6 顶面尺寸图的绘制

AutoCAD 2022
顶面尺寸图的绘制

（1）顶面尺寸图是在顶面布置图的基础上绘制得来的，其内容包含吊顶的尺寸标注和灯具尺寸标注。通过执行"复制(CO)"命令将顶面布置图复制一份作为顶面尺寸图的基础图纸，清理图纸中的"文字说明""标高"和"饰面说明"元素。

（2）顶面尺寸图主要是针对顶面布置中的各种吊顶类型和灯具进行尺寸标注。主要包含标注石膏板的左右宽度、上下长度，标注铝扣板吊顶的总长和总宽，标注石膏线的总长和总宽，标注灯具的距离尺寸，如图 7-115、图 7-116 所示。顶面尺寸图完成后整体效果如图 7-117 所示。

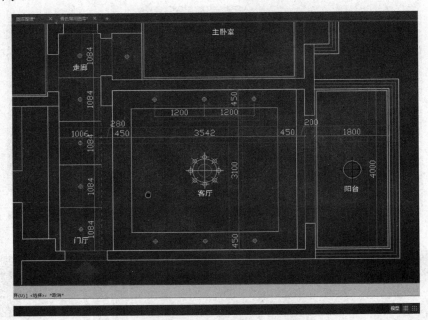

图 7-115 客厅/阳台/走廊的顶面尺寸标注

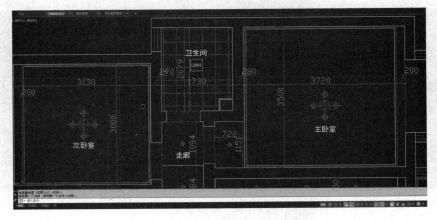

图 7-116 主、次卧室/卫生间的尺寸标注

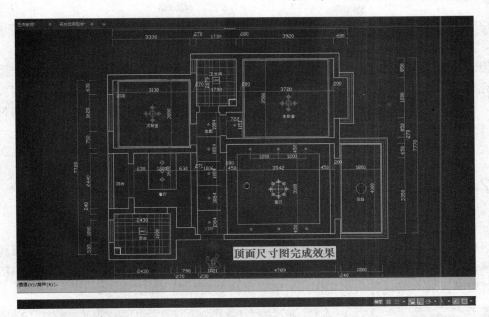

图 7-117　顶面尺寸图

**小结**：在绘制顶面尺寸图之前，通过"复制(CO)"命令将顶面布置图复制一份作为顶面尺寸图的操作基础。顶面尺寸图的绘制过程中一定要仔细准确，主要结构位置的数据一定要清晰明了，为后期施工人员在具体施工时提供可靠、准确的数据保障。

# 7.5　地面材质图的绘制

地面材质图主要是对房屋结构中地面位置的填充材质进行说明。相对于平面布置图、顶面布置图等其他平面类型图纸来说，地面材质图的绘制是比较简单易学的，在操作的过程中，注意其绘制的流程顺序和需注意的几个问题就可以了。

AutoCAD 2022
地面材质图的绘制

## 7.5.1　地面材质图绘制的流程和要求

### 1. 地面材质图绘制的流程

(1) 用灰色实体线对空间区域进行间隔。因为每个空间区域的地面材质类型不同，比如客厅铺设地板材质、厨房等区域铺设地砖材质，所以就需要对空间区域进行直线间隔。

(2) 对空间区域的地面填充类型进行文字说明。每个空间区域的地面材质类型不同，就需要对空间的地面材质填充类型进行各自的文字说明。

(3) 地面材质类型的图案填充操作。图案填充操作的流程和参数设置，可以参照前面章节图案填充部分的讲解。

### 2. 地面材质图绘制的要求

在实际的施工操作环节，因为地面铺设的材质不同，所以其尺寸规格也不同。条形地板的尺寸为 1200mm×120mm，卫生间和阳台地面砖的尺寸为 300mm× 300mm，厨房的地砖尺寸为 800mm×800mm 或 600mm×600mm。

因为地面材质的实际尺寸要求，所以在进行具体的图案填充操作过程中，一定要注意对填充图案的比例把握，尽可能地做到填充图案规格尺寸和现实材质尺寸一致。需要注意的是，因为在软件中是按比例控制尺寸，所以不可能达到填充图案规格尺寸和现实材质规格尺寸完全一致。图案填充操作完成后，对填充的图案进行"对象颜色"的修改，一般情况下改为"灰色：8"，使图纸更具有层次感和设计感。

## 7.5.2 空间区域的划分和填充类型的文字说明

### 1. 空间的区域划分

选择原始结构图，通过"复制(CO)"命令得到材质图的基础图纸并清理。仔细观察图纸的整体结构和空间结构，将图纸操作中不需要的信息进行删除整理。执行"直线(L)"命令，对空间区域之间进行灰色实体线间隔，最终效果如图 7-118 所示。

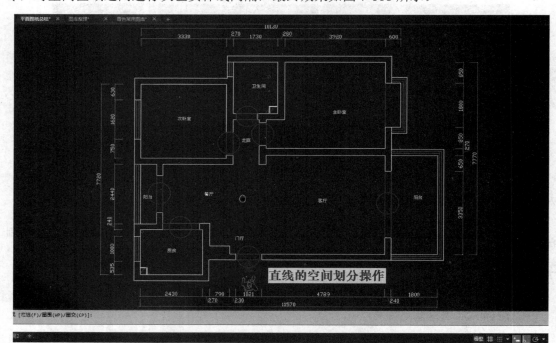

图 7-118 空间的直线间隔

### 2. 材质填充类型的文字说明

在本案例的地面材质图纸中，地面材质填充的类型有三种，它们分别是"地面满铺实木复合地板""地面满铺 300×300 地砖"和"地面满铺 600×600 地砖"。图纸中的客厅、走廊、门厅、餐厅和主/次卧室都铺设木地板，阳台、卫生间和厨房都铺设地砖，如图 7-119 所示。

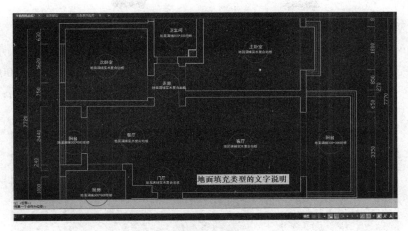

**图 7-119　文字说明**

> **小结：** 在具体图纸操作过程中，可以通过执行"笔刷(MA)"命令对空间区域之间的灰色线进行特性匹配。可以通过执行"复制(CO)"和"移动(M)"命令，对每个空间区域地面填充类型的文字说明进行复制和修改，以加快图纸的绘制速度。

## 7.5.3　空间区域的图案填充操作

### 1. 地板样式的图案填充操作

使用快捷键"H+空格"调用相应命令，在功能区中弹出的"图案填充创建"选项卡中设置"图案：DOLMIT""颜色：8"和"比例：20"，单击拾取需要填充地板样式的空间区域，最终效果如图 7-120 所示。

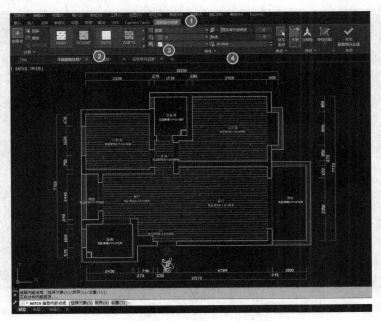

**图 7-120　地板样式的填充**

**2. 地砖样式的图案填充操作**

(1) 300×300 地砖样式填充。使用快捷键"H+空格"调用相应命令,在功能区中弹出的"图案填充创建"选项卡中设置"图案:NTE""颜色:8"和"比例:100",单击拾取需要填充 300×300 地砖样式的空间区域,如图 7-121 所示。餐厅阳台和客厅阳台操作类似。

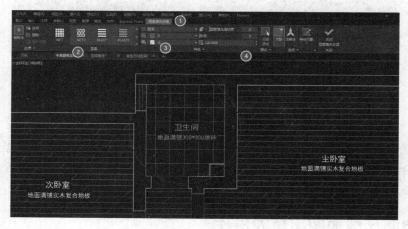

图 7-121　卫生间地面的填充

(2) 600×600 地砖样式填充。使用快捷键"H+空格"执行相应命令,在功能区中弹出的"图案填充创建"选项卡中设置"图案:NTE""颜色:8"和"比例:100",单击拾取需要填充 600×600 地砖样式的厨房空间区域,如图 7-122 所示。地面材质图完成后整体效果如图 7-123 所示。

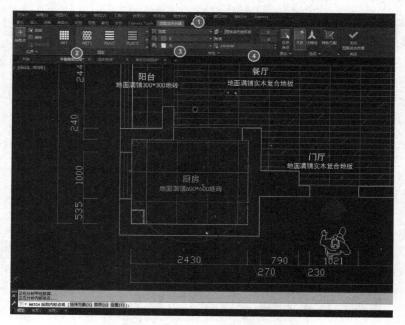

图 7-122　厨房地面的填充

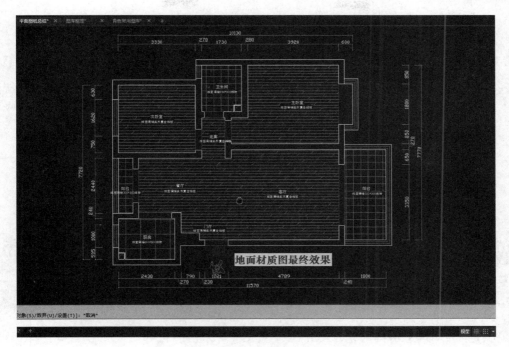

图 7-123　地面材质图

小结：在地面材质图的绘制过程中注意上述所讲的操作流程和问题。首先对区域空间进行直线间隔，再对区域空间的地面填充类型进行文字说明，最后对区域空间进行图案填充操作。操作中注意图案填充比例对实际尺寸的控制。

# 7.6　强弱电分布图的绘制

强电是一种动力能源，弱电用于信息传递。弱电一般是指直流电路或音视频线路、网络线路、电话线路，直流电压一般在 32V 以内。家用电器中的电话、电脑、电视机的信号输入(有线电视线路)、音响设备(输出端线路)等均为弱电电气设备。强电和弱电从概念上讲一般是容易区分的，主要区别是用途不同。

AutoCAD 2022
强弱电分布图的
绘制

## 7.6.1　强弱电的基本组成类型

强弱电分布图是室内设计平面类型图纸中比较常见的一种图纸。强弱电分布图就是各种类型的插座分布图，其清楚地表达了平面布置图结构中各种电器插座的具体位置和类型。因此，平面布置图是强弱电分布图的基础图纸。

强弱电插座有强电类型插座和弱电类型插座两种。强电类型插座主要有普通五孔插座、空调插座、地面插座和防水插座，弱电类型插座主要有电话插座、电视插座和网线插座。强弱电插座分类如图 7-124 所示。

| | 序号 | 插座类型名称 | 插座样式 | 距离地面距离 |
|---|---|---|---|---|
| 强电插座 | 01 | 普通五孔插座 | | 350 |
| | 02 | 地面插座 | | 0 |
| | 03 | 防水插座 | | 1200 |
| | 04 | 空调插座 | | 2400 |
| 弱电插座 | 01 | 电话插座 | | 350 |
| | 02 | 电视插座 | | 350 |
| | 03 | 网线插座 | | 350 |

图 7-124　强弱电插座分类

**小结：** 在室内设计的强弱电分布图纸中，强电插座有四种类型，弱电插座有三种类型。要注意仔细分辨强弱电插座的类型和图样，以便于在后面的图纸操作中清晰明了。

## 7.6.2　客厅和阳台的强弱电分布

### 1. 平面布置图的清理

执行"复制(CO)"命令将平面布置图复制一份作为强弱电图纸的基础图纸。为了使强弱电分布图更能清楚地显示强弱电插座的分布情况，可以将平面布置图中一些不必要的信息删除，清理内容包含尺寸标注和文字标注。

### 2. 客厅位置的强弱电分布

客厅的强弱电分布主要分为电视墙位置和沙发背景墙位置的强弱电分布。因为电视背景墙位置放置电视、DVD 播放机、空调等电器，所以至少布置 3 个普通五孔插座、1 个电视插座和 1 个空调插座，布置完成后效果如图 7-125 所示。沙发背景墙位置布置 2 个普通五孔插座，布置完成后效果如图 7-126 所示。

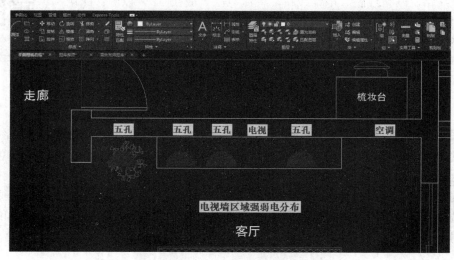

图 7-125　电视墙的强弱电分布

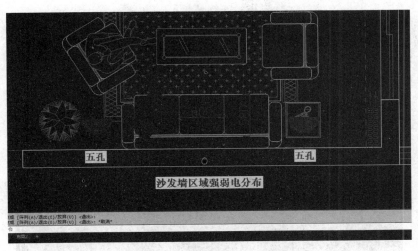

图 7-126　沙发背景墙的强弱电分布

### 3. 阳台位置的强弱电分布

阳台位置在进行强弱电布置时，注意在洗衣机的位置放置 1 个普通五孔插座，在阳台墙垛放置 1 个普通五孔插座，布置完成后效果如图 7-127 所示。

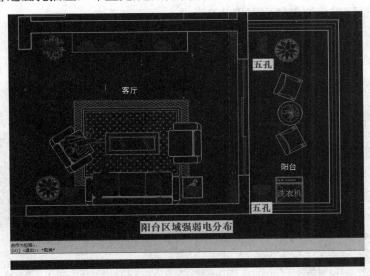

图 7-127　阳台的强弱电分布

**小结：** 在对客厅和阳台进行强弱电分布时，要注意客厅电视机、空调、电话和阳台洗衣机等常用电器的放置位置，根据放置的电器类型进行不同的强弱电分布。

## 7.6.3　厨房和餐厅及餐厅阳台的强弱电分布

### 1. 厨房位置的强弱电分布

厨房是房屋结构中比较特殊的位置，在厨房中不仅需要用到吸油烟机、净水器等常用电器，还会用到很多其他的厨房电器，如消毒柜、微波炉、电磁炉等。因为这些常用电器都需要用强电插座，所以在厨房的强弱电布置中，除了吸油烟机和菜盆下侧净水器必有的 2 个普通五孔插座外，至少需要安装 4 个普通五孔插座以便于日常生活所需。厨房位置的强弱电分布最终效果如图 7-128 所示。

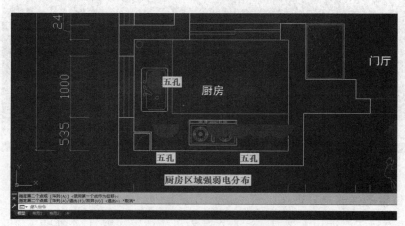

图 7-128　厨房的强弱电分布

### 2. 餐厅及餐厅阳台位置的强弱电分布

在餐厅的背景墙位置处，一般布置 2 个普通五孔插座，以便为吃烧烤或者火锅提供基础电源插座。餐厅阳台的强弱电布置跟客厅阳台类似，最终效果如图 7-129 所示。

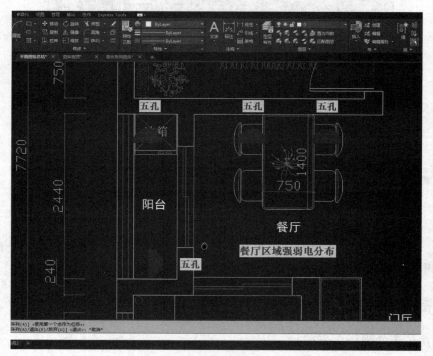

图 7-129　餐厅及阳台的强弱电分布

**小结**：在餐厅阳台的强弱电布置中，注意冰箱位置要放置 1 个普通五孔插座。在厨房的强弱电布置中，注意吸油烟机位置要放置 1 个普通五孔插座，在洗菜盆附近严禁放置普通五孔插座。

### 7.6.4　主、次卧室和卫生间的强弱电分布

#### 1. 主、次卧室位置的强弱电分布

(1) 主卧室位置的强弱电分布。主卧室是居家主人日常休息的场所，其强弱电布置要尽量为其提供最大的方便。主卧室床头背景墙位置一般布置 2 个普通五孔插座，为了通话和上网方便，需要布置 1 个网线插座。在床尾墙体上一般布置 2 个普通五孔插座和 1 个电视插座，梳妆台上侧一般布置 1 个普通五孔插座。分布如图 7-130 所示。

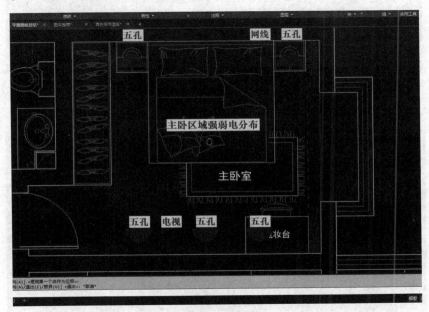

图 7-130　主卧室的强弱电分布

(2) 次卧室位置的强弱电分布。次卧室的强弱电布置不像主卧室那样详细，一般在其床头背景墙位置布置 2 个普通五孔插座、1 个网线插座，在和床头背景墙相对的墙体位置布置 2 个普通五孔插座。分布最终如图 7-131 所示。

#### 2. 卫生间位置的强弱电分布

卫生间是图纸中比较特殊的位置，像日常洗漱、方便等居住行为都要用到水，因此洗手间的插座安排一定要谨慎。这种谨慎不仅体现在插座的放置位置上，还体现在插座的放置高度上，要尽量减少插座接触水的概率。

为了方便插置吹风机，在洗手盆位置布置 1 个防水插座；为了方便插置热水器，在洗浴区位置布置 1 个防水插座；为了方便智能马桶的使用，在马桶一侧布置 1 个防水插座，如图 7-132 所示。强弱电分布图完成后整体效果如图 7-133 所示。

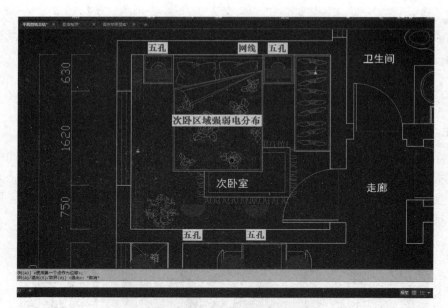

图 7-131 次卧室的强弱电分布

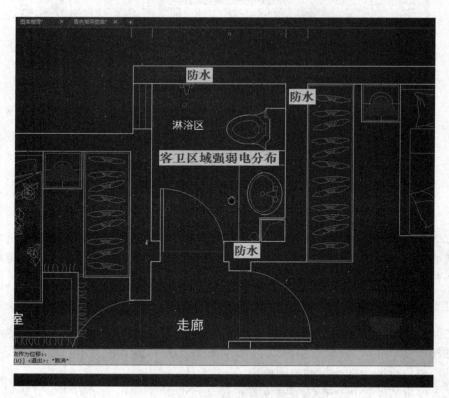

图 7-132 卫生间的强弱电分布

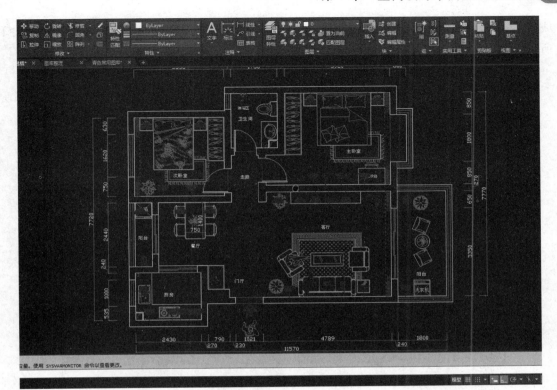

**图 7-133　强弱电分布图**

> **小结**：在布置主卧室强弱电时，要尽可能地做到详细，避免以后日常生活中需用到某些插座却没有的情况。一般在主卧室布置的插座有普通五孔插座、电话插座、电视插座和网线插座。

# 7.7　电位控制图的绘制

电位控制图主要用于对空间区域的开关面板进行有效合理的布局。电位开关面板的分布也是根据区域空间来进行划分的，在每个区域空间中可以存在一路开关线，也可以存在两路甚至多路开关线，以尽可能地满足日常生活所需。

AutoCAD 2022
电位控制图的
绘制

## 7.7.1　电位控制的基本组成类型

日常生活中的电位开关面板一般情况分为两种类型：一种是单向控制的开关面板，即单控类型，单控类型的开关面板又分为一开类型的开关面板、两开类型的开关面板、三开类型的开关面板和四开类型的开关面板；另一种是双向控制的开关面板，即双控类型。

单控类型的电位控制是通过单独的开关面板控制灯的开或者关；双控类型的电位控制是通过两个开关面板配合控制灯的开或者关，其中的任何一个开关面板都可以控制灯的开或者关，两个开关面板的配合也可以控制灯的开或者关。电位控制的类型及样式如图 7-134 所示。

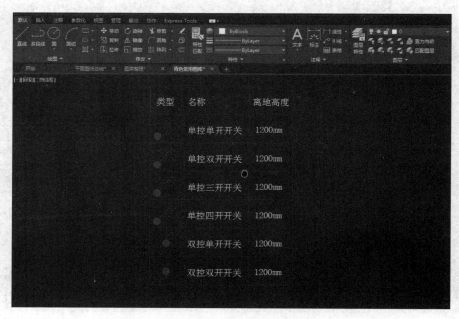

图 7-134　电位控制的类型

## 7.7.2　客厅和阳台的电位布置

### 1. 顶面布置图纸的清理

执行"复制(CO)"命令，将顶面布置图复制一份作为电位控制图的基础图纸。为了使电位控制图在绘制完成后更清楚地显示电位控制开关面板的分布，可以将顶面布置图中的一些不必要信息删除，清理内容包含图纸中的文字说明和标高样式等。

### 2. 客厅及走廊位置的电位布置

客厅走廊顶面图纸的灯布置主要有四种类型，分别是客厅主吊灯、客厅暗藏灯带、客厅射灯和走廊射灯。在日常生活中，为了更方便和快捷地控制灯的开关，可以把客厅位置的六个射灯和暗藏灯带用单控双开来进行控制，客厅的主灯和走廊射灯可以用双控的双开控制，这样在客厅位置就要布置一个单控双开和一个双控双开类型的开关面板。布置后效果如图 7-135 所示。

### 3. 阳台位置的电位布置

阳台位置就一个吸顶灯，所以布置一个单控类型的一开面板即可。这里需要注意的是这个开关面板的放置位置，根据平面布置图的设计方案，人的正常走动路线为电视柜和茶几之间的位置，那么阳台推拉门的最上侧门扇是使用最为频繁的，所以把开关面板放置在阳台上侧墙垛位置，如图 7-136 所示。

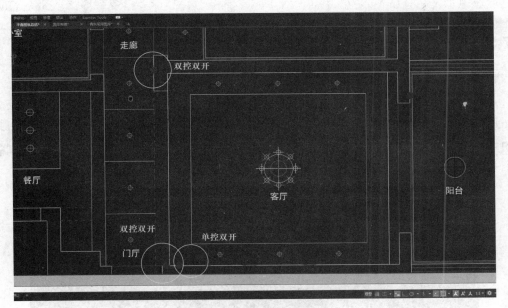

图 7-135　客厅的电位控制

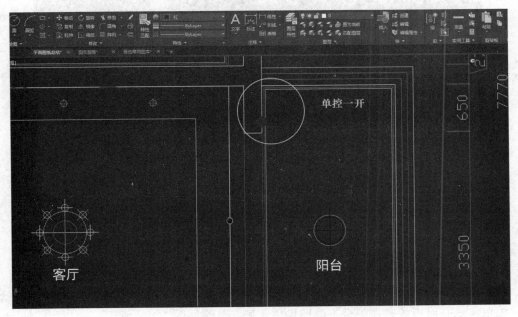

图 7-136　阳台的电位控制

小结：在放置开关面板的图标样式时，可以通过软件的捕捉功能将图标样式中的实体圆中心点放置在墙体线上。通过执行"圆弧(A)"命令绘制圆弧线，圆弧线的起始点为图标样式实体圆中心点，结束点为灯位置的中线点。最后将弧线颜色改为红色。

### 7.7.3 餐厅/餐厅阳台/厨房的电位布置

#### 1. 餐厅及厨房位置的电位布置

在餐厅顶面灯布置中，共设计了两种类型的灯光照明，分别是暗藏灯带和餐厅三个并联的吊灯，因此在餐厅走廊布置一个单控双开即可。又因为餐厅走廊紧靠厨房，可以把厨房的主灯控制并到餐厅灯控制序列中，这样在餐厅走廊布置一个单控三开：一开控制餐厅三个并联吊灯，一开控制餐厅暗藏灯带，一开控制厨房灯。布置如图 7-137 所示。

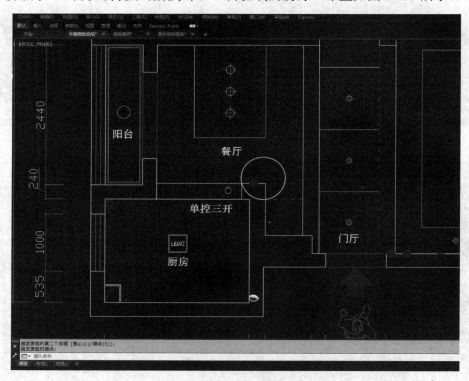

图 7-137　走廊的电位控制

#### 2. 餐厅阳台位置的电位布置

餐厅阳台就一个吸顶灯，所以布置单控单开面板即可。根据人在室内空间中的行动路线，把单控单开面板放置在阳台下侧墙垛位置处，最终如图 7-138 所示。

小结：在对走廊位置进行电位布置时，注意走廊位置 5 个射灯的安排。餐厅位置因为设计了两种类型的灯，所以安排使用单控类型的双开面板来进行控制，并注意餐厅开关面板的放置位置，放置在餐厅走廊位置以便于对其进行开关操作。

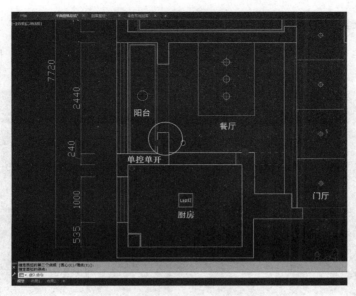

图 7-138 餐厅及阳台的电位控制

## 7.7.4 主卧室、次卧室、卫生间的电位布置

### 1. 主卧室位置的电位布置

主卧室的灯布置共有两种类型，分别是中间位置的主体吊灯和门口位置的射灯。这里需要特别注意的是，因为主卧室空间面积比较大，为了便于居家主人的生活起居，在主卧室需要布置双控双开类型的开关面板，其中一个放置在门口位置，另一个放置在床头柜位置。最终布置效果如图 7-139 所示。

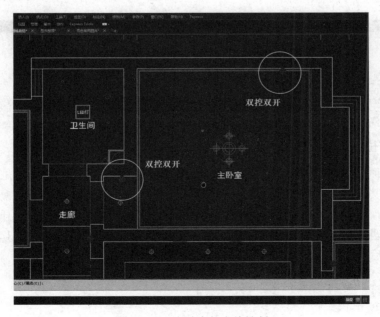

图 7-139 主卧室的电位控制

### 2. 次卧室位置的电位布置

在次卧室的电位布置中仅仅设计双控单开类型的开关面板即可，最终如图 7-140 所示。

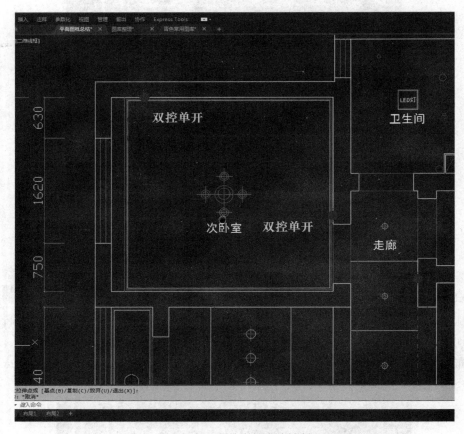

图 7-140　次卧室的电位控制

**小结**：在主卧室、次卧室区域空间类型的电位布置中，一定要注意电位控制开关面板的放置位置。一般情况下其开关面板放置在门开启方向的反向墙体上，避免开门以后把门关上才能开关灯的情况。

### 3. 卫生间位置的电位布置

卫生间的顶面灯布置是一个吸顶灯，但是在现实生活中卫生间的灯控是比较复杂的。一般情况下在其吊顶的中央位置安装一个浴霸，在镜子上方位置安装一个镜前灯。浴霸有照明、取暖和换气的作用，因此浴霸开关至少需要三开，加上镜前灯的一开至少要安装一个单控类型的四开面板，如图 7-141 所示。电位控制图完成后效果如图 7-142 所示。平面图纸最终完成后效果如图 7-143 所示。

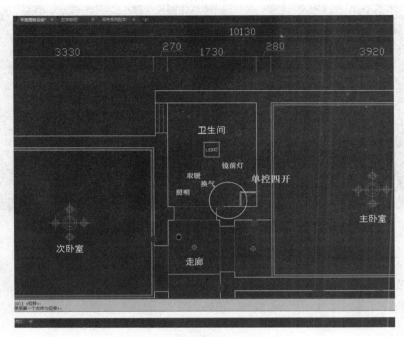

图 7-141　卫生间的电位控制

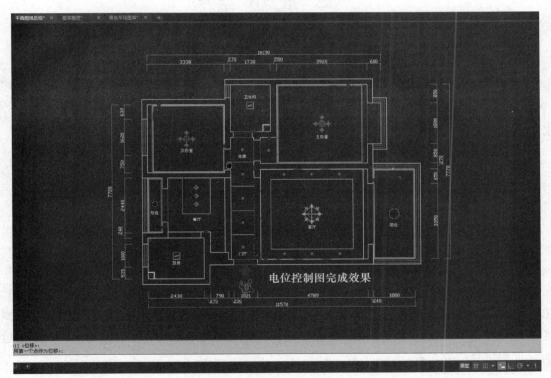

图 7-142　电位控制图

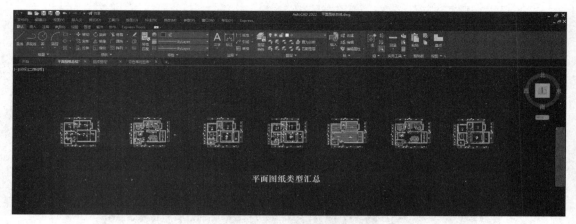

图 7-143　平面图整体效果

> **小结**：在卫生间的吊灯组成中，一般情况下在吊顶的中央位置安装一个浴霸。根据设计类型的不同，浴霸的取暖灯数量也是不一样的，注意在施工中的辨别和布置。卫生间的顶面有时候需要安装一个单独的换气扇，注意对其进行具体的电位布置。

# 本 章 小 结

本章主要对室内设计工程图纸中的平面类型图纸逐一进行了讲解。

现场测量完成后，根据测量的具体尺寸进行图纸的放样，即原始结构图的绘制。在绘制过程中尤其要注意卫生间和厨房内部细节问题，并且要明确顶梁的位置及其宽度和高度数据。结构图纸绘制完成后，根据设计方案进行平面布置图的绘制。在绘制布置图的过程中注意对家具尺寸和空间尺寸的把握，为后期方案的最终实施提供可靠的图纸保障。

平面布置图绘制完成后就要对顶面结构进行具体的图纸设计，即顶面布置图的绘制。在顶面的设计环节中注意对顶面空间的把握，根据平面图纸的结构特点进行最终的顶面方案设计和图纸绘制。顶面布置图绘制完成后，进行顶面尺寸图的绘制，主要是对顶面的吊顶类型进行详细的尺寸标注。

平面布置和顶面布置设计完成后，就要对地面空间进行具体的设计，即地面材质图的绘制。在进行地面材质图绘制之前，需要了解施工环节中地面的铺贴材料类型和具体的尺寸要求，以便于在图纸绘制中进行图纸空间把握。

平面、地面和顶面的图纸绘制完成后，就要对墙体位置进行强弱电和电位控制的规划和设计。强弱电分布图是在平面布置图的基础上绘制而成的，主要是对场景中重要的插座位置进行规划。电位控制图是在顶面布置图的基础上绘制而成的，主要是对场景中的电位开关面板进行规划布置。

**拓展学习一：室内设计立面图纸的绘制**

**拓展学习二：室内设计节点大样图的绘制**

# 第 8 章

# 输出与打印

在 AutoCAD 中输出与打印图形文件的过程涉及多个步骤，包括选择输出格式、配置打印设置及保存打印文件。用户可以根据需要配置和执行复杂的打印任务，包括从模型空间或布局空间打印，选择适当的打印比例，以及利用后台处理选项提高工作效率。

利用 AutoCAD 2022 绘制的图形,作为计算机辅助设计中最有效的结果需要打印和输出。这样用户不仅可以把图形输出到图纸上,以工程图样的形式指导生产实践,接受检验,还可以输出到其他应用软件上,比如 Photoshop、CorelDRAW 等图形处理软件,以用来整合各种资源,协同作业,使资源共享等。

# 8.1 AutoCAD 2022 的输出

## 8.1.1 输出高清 JPG 图片

AutoCAD 2022
输出高清 JPG
图片和矢量
WMF 文件

对于平面设计、地图制图、工程制图等专业来说,AutoCAD 2022 是必不可少的而且是必修的平面图形绘制软件。对于 AutoCAD 2022 输出 JPG 图像,许多人并不陌生,但是如何输出高清图可能就需要进行详细的讲解了。

首先需要说明的是,AutoCAD 2022 输出高清 JPG 格式文件,需要借助第三方软件 Photoshop。本案例以随书文件"第 8 章 柜门图纸案例"作为输出对象,详细地讲解在 AutoCAD 2022 中如何输出高清 JPG 图片。

### 1. 设置虚拟打印机

(1) 打开随书资源中的"第 8 章 柜门图纸案例"文件,单击菜单浏览器按钮,在弹出的菜单中选择"发布"→"管理绘图仪"命令,如图 8-1 所示。也可单击"文件"菜单,在弹出的下拉菜单中选择"绘图仪管理器"命令。在弹出的对话框中双击"添加绘图仪向导"选项,弹出"添加绘图仪-简介"对话框,如图 8-2 所示。

图 8-1 选择"管理绘图仪"命令

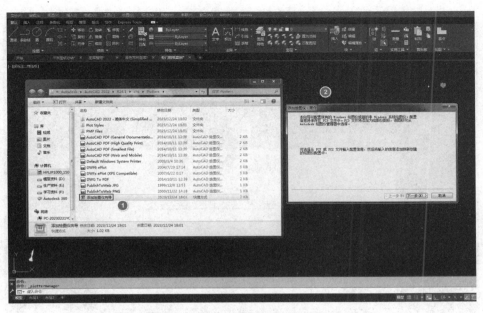

图 8-2　"添加绘图仪-简介"对话框

(2)　单击"下一步"按钮，在弹出的"添加绘图仪-开始""添加绘图仪-绘图仪型号"和"添加绘图仪-输入 PCP 或 PC2"三个对话框中均单击"下一步"按钮。

(3)　在弹出的"添加绘图仪-端口"对话框中选中"打印到文件"单选按钮，如图 8-3 所示。单击"下一步"按钮，弹出"添加绘图仪-绘图仪名称"对话框。

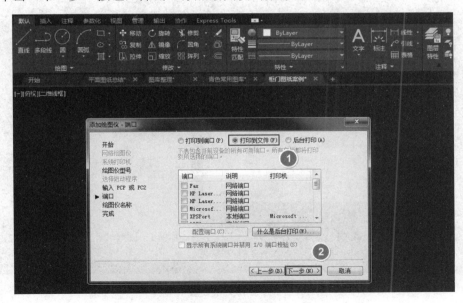

图 8-3　"添加绘图仪-端口"对话框

(4)　在"绘图仪名称"文本框中输入新的绘图仪名称，本案例以 jiaocheng 名称为例，如图 8-4 所示。继续单击"下一步"按钮，弹出"添加绘图仪-完成"对话框。

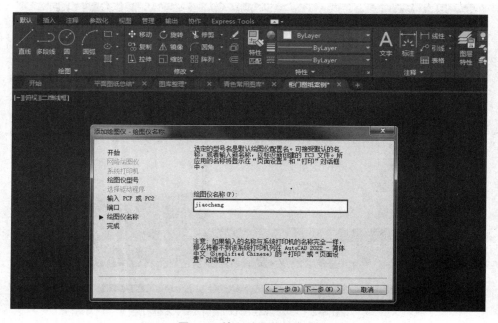

图 8-4　输入绘图仪的名称

(5)　单击"编辑绘图仪配置"按钮,在弹出的"绘图仪配置编辑器"对话框中选择"设备和文档设置"选项卡,如图 8-5 所示。

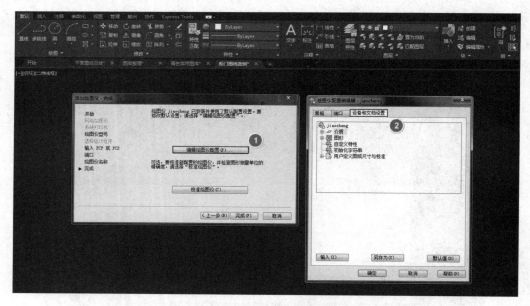

图 8-5　"设备和文档设置"选项卡

(6)　单击列表框中"介质"子菜单中的"源和尺寸"项,在显示的"尺寸"列表框内选择"ISO A4 (210.00×297.00 毫米)"项,如图 8-6 所示。

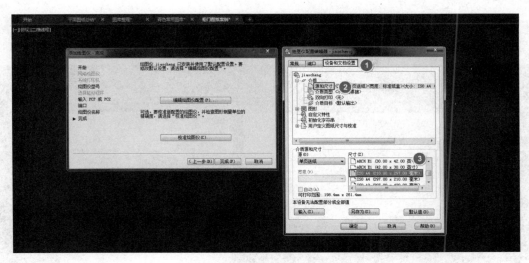

图 8-6　"源和尺寸"项设置

(7)　单击"图形"下拉列表中的"矢量图形"选项，在"分辨率和颜色深度"选项组中选择"颜色深度：彩色""分辨率：300×300DPI""抖动：硬件图案阶位抖动"，如图 8-7 所示。

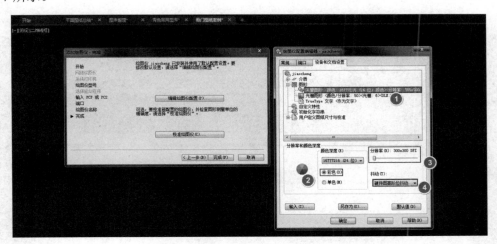

图 8-7　"矢量图形"项设置

(8)　单击"图形"下拉列表位置处的"TrueType 文字"选项，在"TrueType 文字"选项组中选中"TrueType 字体作为图形"单选按钮，如图 8-8 所示。单击"确定"按钮，单击"添加绘图仪-完成"对话框中的"完成"按钮。

(9)　单击菜单浏览器按钮，在弹出的下拉菜单中选择"管理绘图仪"命令，在弹出的对话框中就会显示新添加的 jiaocheng 绘图仪，如图 8-9 所示。

### 2. 打印输出矢量图

(1)　单击 AutoCAD 2022 快速访问工具栏中的"打印"按钮，弹出"打印-模型"对话框，如图 8-10 所示。还可以通过使用快捷键 Ctrl+P 调出"打印-模型"对话框。

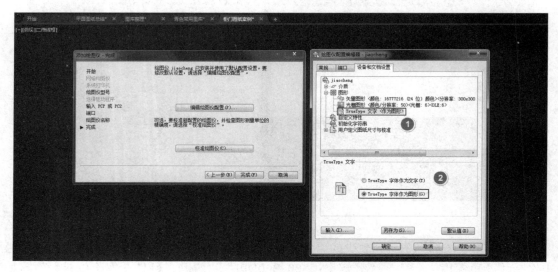

图 8-8　"TrueType 文字"的设置

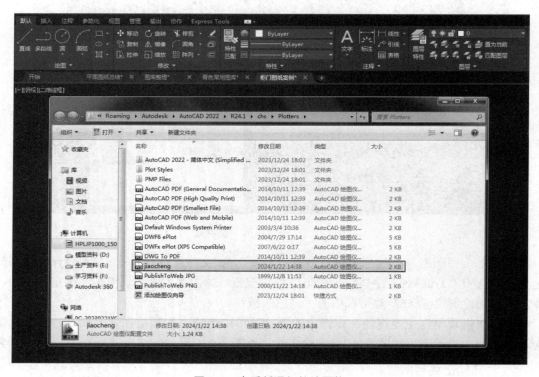

图 8-9　查看新添加的绘图仪

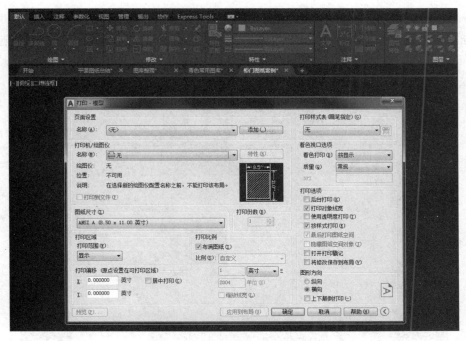

图 8-10　"打印-模型"对话框

(2)　在"打印机/绘图仪"选项组中的"名称"下拉列表框中选择 jiaocheng 打印机样式，在"图纸尺寸"下拉列表框中选择"ISO A4 (297.00×210.00 毫米)选项，在"打印偏移"选项组中选中"居中打印"复选框，在"打印比例"选项组中选中"布满图纸"复选框，如图 8-11 所示。

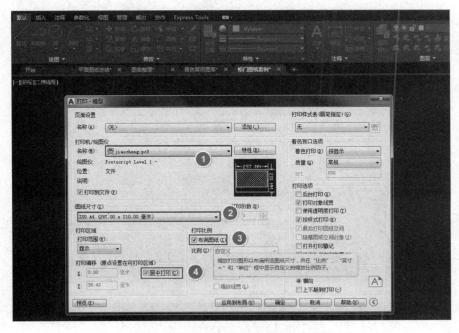

图 8-11　"打印-模型"对话框的设置

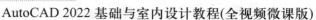

(3) 在"打印区域"选项组中选择"窗口"样式的"打印范围"类型,如图 8-12 所示。AutoCAD 2022 转换到图纸操作界面,如图 8-13 所示。选择需要打印的区域范围后,图形界面再次转换到"打印-模型"对话框。

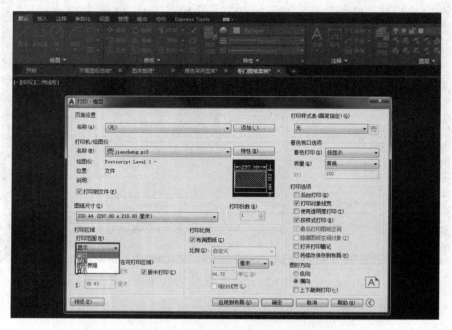

图 8-12　选择打印范围和类型

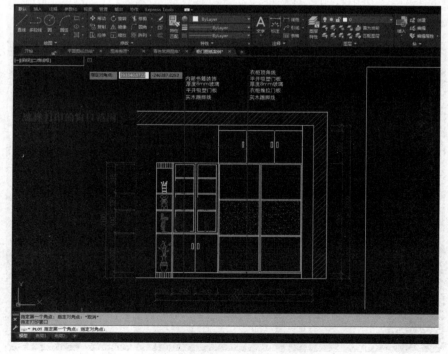

图 8-13　选择打印区域

(4) 单击"确定"按钮,在弹出的"浏览打印文件"对话框中选择文件的保存位置,在"文件名"下拉列表框中输入新的文件名称 wenjian,如图 8-14 所示。

图 8-14 文件保存的设置

(5) 单击"保存"按钮,弹出"打印作业进度"对话框,表示设置的虚拟打印机正在输出高清矢量图,如图 8-15 所示。打印作业进度完成后,在桌面上就会显示输出的 EPS 矢量图文件。

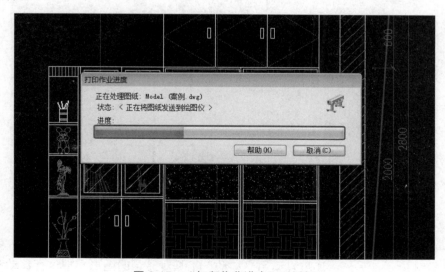

图 8-15 "打印作业进度"对话框

### 3. 编辑矢量图并输出 JPG 图片

(1) 打开图像处理软件 Photoshop。在菜单栏中单击"文件"菜单,在弹出的下拉菜单中选择"打开"命令,如图 8-16 所示。选择桌面上的 EPS 矢量文件,双击打开即可。

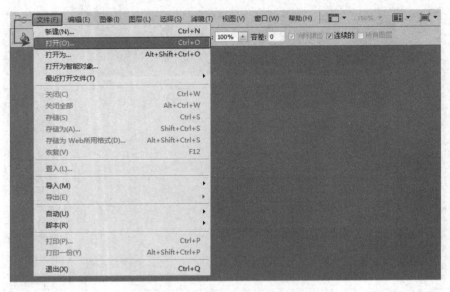

图 8-16 选择"打开"命令

(2) 弹出"栅格化 EPS 格式"对话框。在"图像大小"选项组中设置"宽度 2830×高度 2000"像素大小的图片样式,如图 8-17 所示。

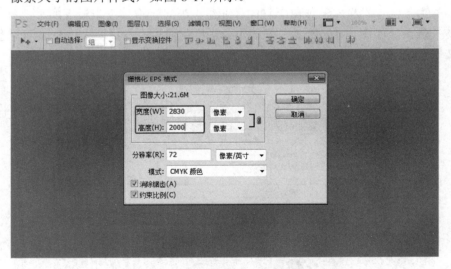

图 8-17 "图像大小"选项组的设置

(3) 单击"确定"按钮,在 Photoshop 操作界面中就会弹出透明背景内容的图形文件,如图 8-18 所示。另外,还可以运用"移动"工具对显示的图形文件进行移动和操作。

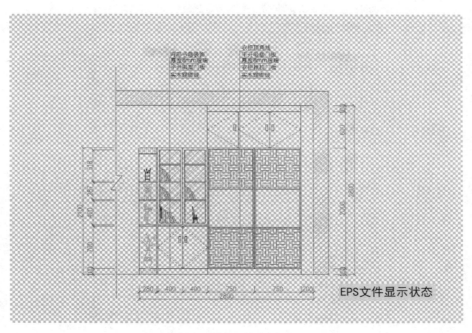

EPS文件显示状态

图 8-18　打开显示状态

（4）在菜单栏中单击"文件"菜单，在弹出的下拉菜单中选择"存储为"命令，如图 8-19 所示。在弹出的"存储为"对话框中选择文件保存的位置和需要保存的图片类型，如图 8-20 所示。

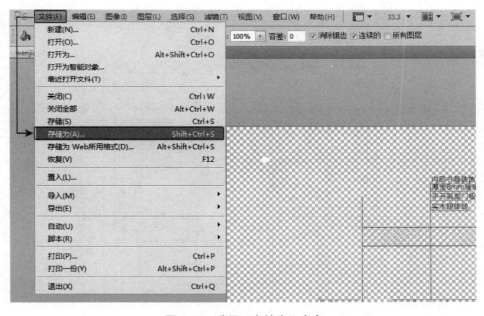

图 8-19　选择"存储为"命令

图 8-20　保存 JPG 的设置

(5)　单击"保存"按钮，在弹出的"JPEG 选项"对话框中设置图像的"品质"为"最佳"，如图 8-21 所示。单击"确定"按钮，在保存位置处就会显示保存的 JPG 图像文件。

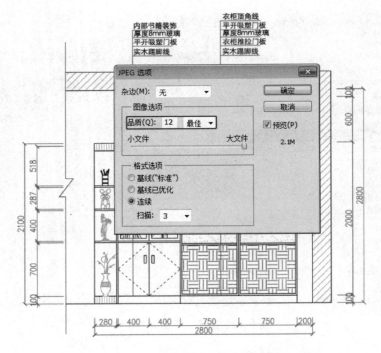

图 8-21　"图像选项"选项组的设置

　　**小结：**需要注意的是，因为是对 EPS 格式文件进行栅格化处理，"图像大小"选项组中的像素大小可以自由设定。本案例以设置"宽度 2830×高度 2000"像素大小的图片为例进行讲解，也可以根据实际情况自定义设置像素大小。

# 8.1.2　输出矢量 WMF 格式文件

　　WMF 是 Windows Metafile 的缩写，简称图元文件；它是微软公司定义的一种 Windows 平台下的图形文件格式，也称为矢量图片文件；它是依靠函数来存储图片文件信息的，体积极小，但是功能却很强大，可以无限制放大或缩小。因为是函数，一般无法用普通方式查看，最好使用相关的图像编辑工具，如 CorelDRAW、Adobe Illustrator 等。

## 1. 保存矢量格式文件

　　(1) 打开随书资源中的"第 8 章 柜门图纸案例"文件，选择图纸中需要保存为矢量格式的图形文件，如图 8-22 所示。选择图形区域后，在菜单栏中单击"文件"菜单，在弹出的下拉菜单中选择"输出"命令，如图 8-23 所示。

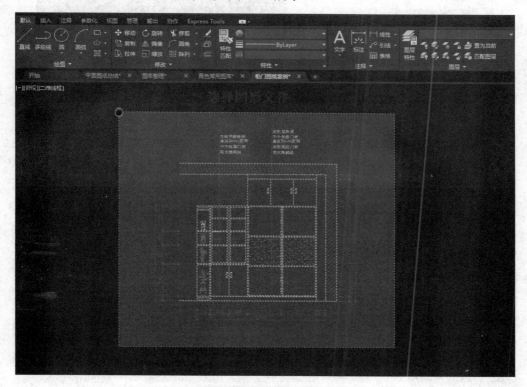

图 8-22　选择图形文件

　　(2) 在弹出的对话框中选择文件保存的位置和文件保存的格式类型"*.wmf"，单击"保存"按钮，如图 8-24 所示，桌面上就会生成一份 WMF 格式文件。

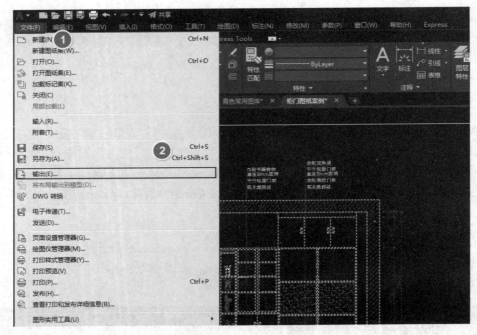

图 8-23 选择"输出"命令

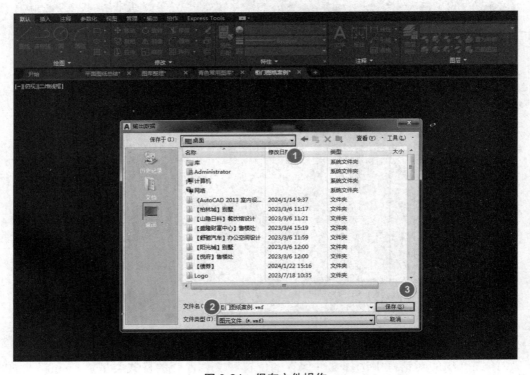

图 8-24 保存文件操作

## 2. 打开矢量格式文件

启动矢量图形软件 CorelDRAW，在菜单栏中单击"文件"菜单，在弹出的下拉菜单中选择"打开"命令，如图 8-25 所示。打开桌面上保存的矢量格式文件，在 CorelDRAW 的操作界面中，矢量格式文件最终的显示效果如图 8-26 所示。

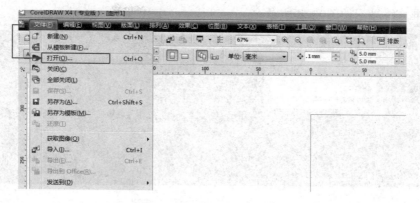

图 8-25　选择"打开"命令

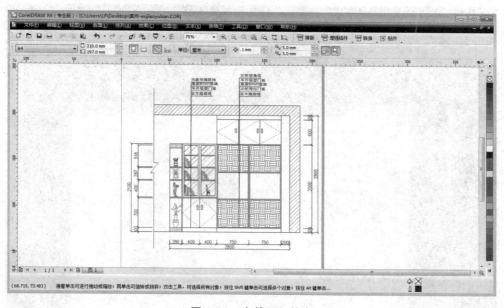

图 8-26　文件显示状态

> **小结：** 矢量图都是通过数学公式计算获得的。矢量图形最大的优点是无论放大、缩小或旋转等都不会失真；最大的缺点是难以表现色彩层次丰富的逼真图像效果。Adobe 公司的 Illustrator、Corel 公司的 CorelDRAW 是众多矢量图形设计软件中的佼佼者。

## 8.2　AutoCAD 2022 的打印

### 8.2.1　打印 DWG 格式文件

AutoCAD 2022 广泛应用于建筑、机械、电子等领域。AutoCAD 图纸非常普遍，下面详细讲解如何打印后缀为 DWG 的图纸文件。

AutoCAD 2022
打印 DWG
格式文件

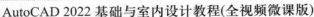

(1) 调用"打印-模型"对话框。打开图形文件后单击快速访问工具栏中的"打印"按钮，如图 8-27 所示。在弹出的"打印-模型"对话框的右下侧位置单击"更多项"箭头按钮，对话框最终显示如图 8-28 所示。

图 8-27 单击"打印"按钮

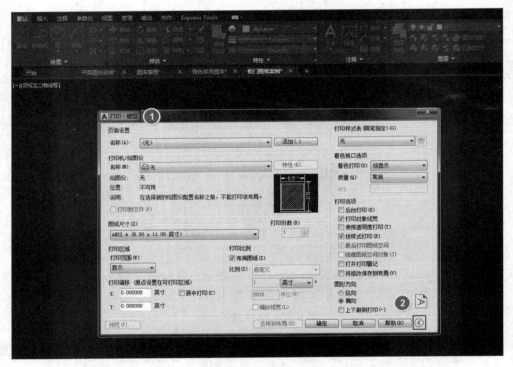

图 8-28 "打印-模型"对话框

(2) 设置打印机和图纸尺寸。在实际的打印环节，需要在"打印机/绘图仪"选项组中的"名称"下拉列表框中选择打印机样式(以工作室惠普打印机为例)，如图 8-29 所示。在"图纸尺寸"下拉列表框中选择 A4 选项，如图 8-30 所示。

(3) 选择打印区域。在"打印区域"选项组中选择"窗口"样式的"打印范围"选项，AutoCAD 转换到图纸操作界面，选择需要打印的区域范围，图形界面再次转换到"打印-模型"对话框，如图 8-31 所示。

图 8-29 在"打印机/绘图仪"选项组中选择打印机

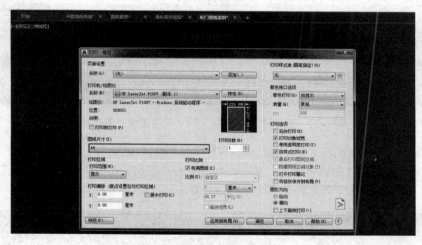

图 8-30 选择图纸尺寸

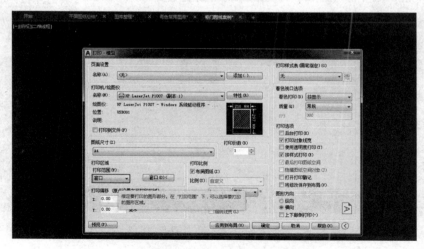

图 8-31 选择打印范围

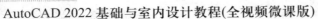

(4) 设置打印偏移和打印比例。在打印图纸的过程中，为了使打印图形处于图纸的正中间位置，且缩放打印图形以布满所选图纸尺寸，在"打印-模型"对话框中选中"居中打印"和"布满图纸"复选框，如图 8-32 所示。

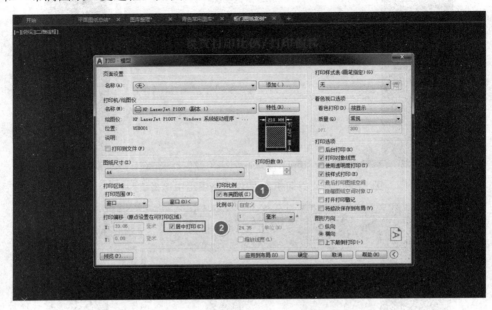

**图 8-32　选中"居中打印"和"布满图纸"复选框**

(5) 打印样式表和图形方向设置。根据打印图纸的颜色选择"打印样式表"类型，其中的 acad.ctb 项代表打印彩色图纸，monochrome.ctb 项代表打印黑白图纸。最后再根据实际的需要选择图纸的打印方向即可，如图 8-33 所示。

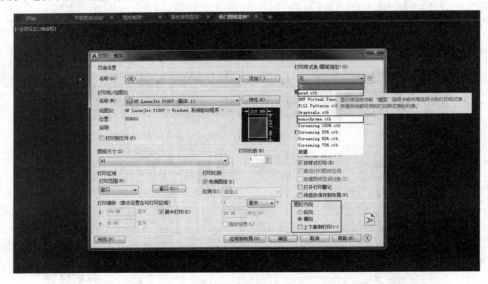

**图 8-33　"打印样式表"和"图形方向"的选择**

(6) 打印预览。单击"打印-模型"对话框左下侧的"预览"按钮，在弹出的对话框中

可以查看打印内容的整体情况。检查无误后单击鼠标右键，在弹出的快捷菜单中选择"打
印"命令即可，如图 8-34 所示。

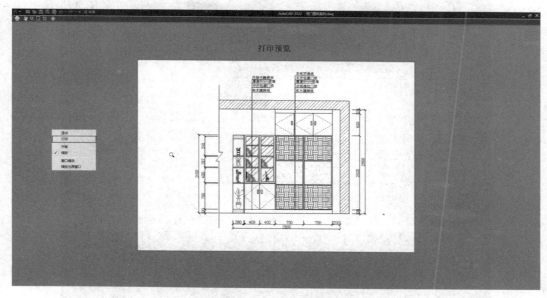

图 8-34　打印预览图纸

小结：如果打印的图纸文件中有"Autodesk 教育版产品制作"标记，去除此标记的方
法如下：把图纸文件另存为 DXF 格式并关闭软件，打开保存的 DXF 格式文件，此标记就
消失了。然后把图纸另存为 DWG 常用格式即可。

## 8.2.2　打印 PNG、PDF、JPG 格式文件

AutoCAD 2022
打印 PNG、
PDF、JPG
格式文件

　　PNG 图片以任何颜色深度存储单个光栅图形，是一种采用无损压缩算
法的位图格式；PNG 支持高级别无损耗压缩，支持 Alpha 通道透明度；
PNG 支持伽马校正，支持交错。

　　PDF 格式是 Adobe 公司用于 Windows、UNIX 和 DOS 系统的一种电子
出版软件格式。与 Postscript 页面一样，PDF 可以包含矢量和位图图形，还
可以包含电子文档查找和导航功能。

　　JPEG 是有损压缩的、采用直接色的点阵图形。JPEG 图片格式的设计目标，是在不影
响人类可分辨的图片质量的前提下，尽可能地压缩文件大小。这意味着 JPEG 去掉了一部
分图片的原始信息，即进行了有损压缩。

　　(1) 打开图形文件，单击快速访问工具栏中的"打印"按钮，在弹出的"打印-模型"
对话框的右下侧位置单击"更多项"按钮。

　　(2) 选择打印机/绘图仪。在"打印机/绘图仪"选项组中的"名称"下拉列表框中选
择 PDF/PNG 选项，如图 8-35 所示。在"图纸尺寸"下拉列表框中选择需要的图纸尺寸，
如图 8-36 所示。

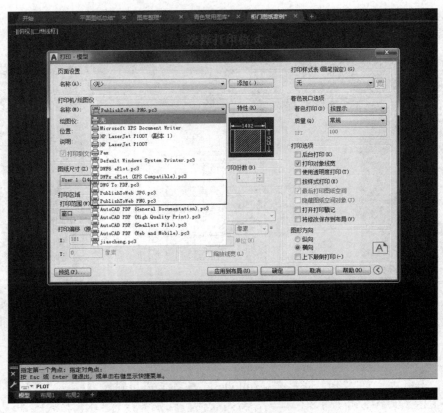

图 8-35 选择打印格式

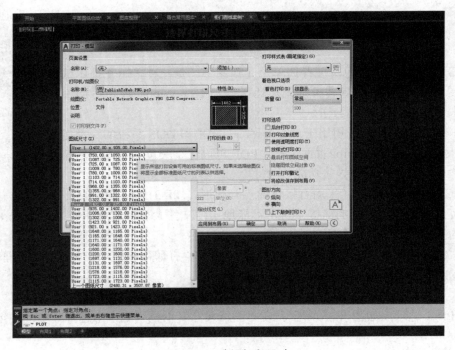

图 8-36 选择打印尺寸

　　如果需要自定义图纸打印尺寸，设置步骤如下。

　　① 自定义图纸尺寸大小。单击"打印机/绘图仪"选项组中的"特性"按钮，弹出"绘图仪配置编辑器"对话框，如图 8-37 所示。选择"设备和文档设置"选项卡，在列表框中选择"用户定义图纸尺寸与校准"下拉菜单中的"自定义图纸尺寸"选项，如图 8-38 所示。

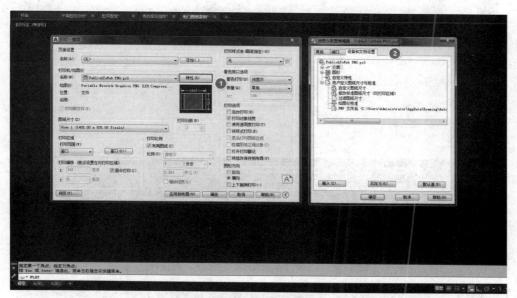

图 8-37　"绘图仪配置编辑器"对话框

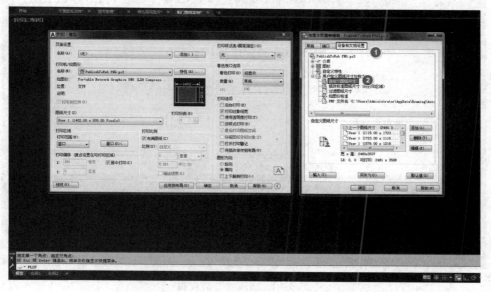

图 8-38　选择"自定义图纸尺寸"选项

　　② 创建新的图纸尺寸。单击"添加"按钮，弹出"自定义图纸尺寸-开始"对话框，对话框中默认选中"创建新图纸"单选按钮，如图 8-39 所示。单击"下一步"按钮，弹出

"自定义图纸尺寸-介质边界"对话框，在对话框中设置需要的图纸尺寸大小，如图 8-40
所示。

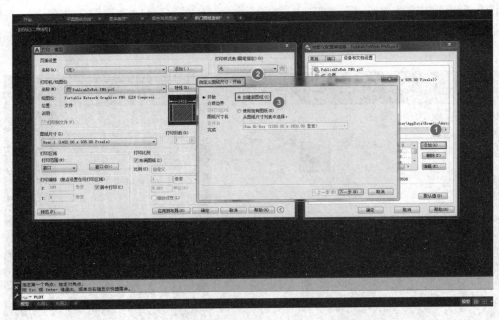

图 8-39　"自定义图纸尺寸-开始"对话框

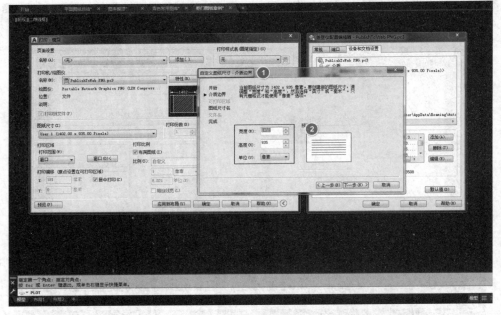

图 8-40　图纸尺寸的设置

　　③　完成工作。继续单击"下一步"按钮，弹出"自定义图纸尺寸-图纸尺寸名"对话
框，从中对新的尺寸样式进行命名，如图 8-41 所示。继续单击"下一步"按钮，在弹出的
对话框中单击"完成"按钮即可，最终新的图纸尺寸大小设置完毕。

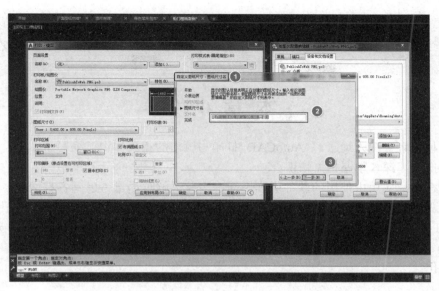

图 8-41    "自定义图纸尺寸-图纸尺寸名"对话框

(3)  其他设置。根据前面讲述的内容，设置"打印偏移""打印比例""打印样式表"和"图形方向"等选项，如图 8-42 所示。打印预览后打印即可。

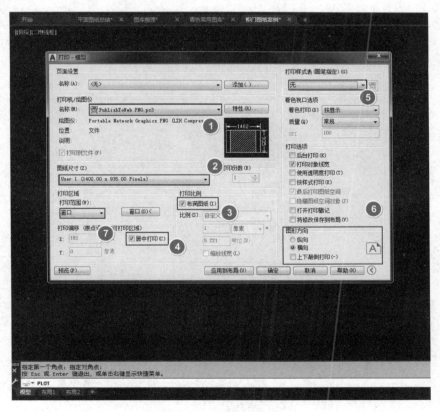

图 8-42    其他项的设置

小结：如果选择的图纸尺寸不能满足图纸或者客户的要求，可以单击"打印机/绘图仪"选项组中的"特性"按钮，在弹出的"绘图仪配置编辑器"对话框中重新设置打印的图纸尺寸。

# 本 章 小 结

为了使读者更深入地了解 AutoCAD 打印与输出的相关知识，编写了本章，使读者通过实际的操作，深入掌握相关知识。

由于在实际应用中使用的软件版本不同，因此讲解时尽量考虑到各种情况，对同一个命令或步骤进行多层面分析，使不同的用户都能得到满意的结果。实际操作时很多读者不能正常打印并不是技术问题，而是软件或硬件的问题，所以在打印前，要先检查AutoCAD、打印机是否与计算机连接并已经打开、打印纸和墨盒是否准备就绪、打印机能否正常工作。

# 参 考 文 献

[1]　缪丁丁，郑正军. AutoCAD 2022 室内设计从入门到精通[M]. 北京：化学工业出版社，2022.

[2]　天工在线. 中文版 AutoCAD 2022 从入门到精通·实战案例版[M]. 北京：中国水利水电出版社，2021.

[3]　周晓飞. AutoCAD 2022 室内设计从入门到精通(升级版)[M]. 北京：电子工业出版社，2021.

[4]　胡仁喜. 详解 AutoCAD 2022 室内设计[M]. 6 版. 北京：电子工业出版社，2022.

[5]　张亭. AutoCAD 2022 中文版室内设计一本通[M]. 北京：人民邮电出版社，2022.

[6]　CAD/CAM/CAE 技术联盟. AutoCAD 2022 中文版入门与提高：室内设计[M]. 北京：清华大学出版社，2022.